建筑工人（装饰装修）技能培训教程

# 金 属 工

本书编委会　编

中国建筑工业出版社

图书在版编目(CIP)数据

金属工/《金属工》编委会编. —北京:中国建筑工业出版社,2017.4
建筑工人(装饰装修)技能培训教程
ISBN 978-7-112-20427-4

Ⅰ.①金… Ⅱ.①金… Ⅲ.①金属饰面材料-工程装修-技术培训-教材 Ⅳ.①TU767

中国版本图书馆 CIP 数据核字(2017)第 037138 号

建筑工人(装饰装修)技能培训教程

# 金 属 工

本书编委会 编

\*

中国建筑工业出版社出版、发行(北京海淀三里河路 9 号)

各地新华书店、建筑书店经销

霸州市顺浩图文科技发展有限公司制版

北京圣夫亚美印刷有限公司印刷

\*

开本:850×1168 毫米 1/32 印张:5¼ 字数:140 千字
2017 年 6 月第一版 2017 年 6 月第一次印刷
定价:**15.00** 元
ISBN 978-7-112-20427-4
(29941)

**版权所有 翻印必究**

本书包括加工制作识图及基本操作，铝合金门窗制作及安装，自动门、金属转门安装，卷帘门窗及防火卷帘安装，吊顶及墙体轻钢龙骨安装，金属饰面及金属格栅吊顶，墙（柱）金属饰面，楼梯金属栏杆安装 8 章内容。

　　本书可作为各级职业鉴定培训、工程建设施工企业技术培训、下岗职工再就业和农民工岗位培训的理想教材，亦可作为技工学校、职业高中、各种短训班的专业读本。

　　本书可供金属工现场查阅或上岗培训使用，也可作为现场编制施工组织设计和施工技术交底的蓝本，为工程设计及生产技术管理人员提供帮助，也可以作为大专院校相关专业师生的参考读物。

　　责任编辑：张　磊　郦锁林
　　责任设计：李志立
　　责任校对：焦　乐　李欣慰

# 前　言

随着社会的发展、科技的进步、人员构成的变化、产业结构的调整以及社会分工的细化，工程建设新技术、新工艺、新材料、新设备不断应用于实际工程中，我国先后对建筑材料、建筑结构设计、建筑施工技术、建筑施工质量验收等标准进行了全面的修订，并陆续颁布实施。

在改革开放的新阶段，国家倡导"城镇化"的进程方兴未艾，大批的新生力量不断加入工程建设领域。目前，我国建筑业从业人员多达 4100 万，其中有素质、有技能的操作人员比例很低，为了全面提高技术工人的职业能力，完善自身知识结构，熟练掌握新技能，适应新形势、解决新问题，2016 年 10 月 1 日实施的行业标准《建筑装饰装修职业技能标准》JGJ/T 315—2016 对金属工的职业技能提出了新的目标、新的要求。

了解、熟悉和掌握施工材料、机具设备、施工工艺、质量标准、绿色施工以及安全生产技术，成为从业人员上岗培训或自主学习的迫切需求。活跃在施工现场一线的技术工人，有干劲、有热情、缺知识、缺技能，其专业素质、岗位技能水平的高低，直接影响工程项目的质量、工期、成本、安全等各个环节，为了使金属工能在短时间内学到并掌握所需的岗位技能，我们组织编写了本书。

限于学识和实践经验，加之时间仓促，书中如有疏漏、不妥之处，恳请读者批评指正。

# 目　　录

# 1 加工制作识图及基本操作

## 1.1 加工制作常用符号及图例

### 1.1.1 常用建筑材料图例

常用建筑材料图例，见表 1-1。

常用建筑材料及建筑装修材料图例　　表 1-1

| 序号 | 名称 | 图例 | 备注 |
|------|------|------|------|
| 1 | 自然土壤 | | 包括各种自然土壤 |
| 2 | 夯实土壤 | | |
| 3 | 砂、灰土 | | 靠近轮廓线绘制较密的点 |
| 4 | 砂砾石、碎砖三合土 | | |
| 5 | 石材 | | 注明厚度 |
| 6 | 毛石 | | 必要时注明石料块面大小及品种 |
| 7 | 普通砖 | | 包括实心砖、多孔砖、砌块等砌体。断面较窄不易绘出图例线时，可涂红 |
| 8 | 轻质砌块砖 | | 指非承重砖砌体 |
| 9 | 耐火砖 | | 包括耐酸砖等砌体 |

| 序号 | 名称 | 图例 | 备注 |
|---|---|---|---|
| 10 | 轻钢龙骨板材隔墙 | | 注明材料品种 |
| 11 | 空心砖 | | 指非承重砖砌体 |
| 12 | 饰面砖 | | 包括铺地砖、马赛克、陶瓷锦砖、人造大理石等 |
| 13 | 焦渣、矿渣 | | 包括与水泥、石灰等混合而成的材料 |
| 14 | 混凝土 | | 1. 本图例指能承重的混凝土及钢筋混凝土；<br>2. 包括各种强度等级骨料、添加剂的混凝土；<br>3. 在剖面图上画出钢筋时，不画图例线；<br>4. 断面图形较小，不易画出图例线时，可涂黑 |
| 15 | 钢筋混凝土 | | |
| 16 | 多孔材料 | | 包括水泥珍珠岩、沥青珍珠岩、泡沫混凝土、非承重加气混凝土、软木、蛭石制品等 |
| 17 | 纤维材料 | | 包括矿棉、岩棉、玻璃棉、麻丝、木丝板、纤维板等 |
| 18 | 泡沫塑料材料 | | 包括聚苯乙烯、聚乙烯、聚氨酯等多孔聚合物类材料 |
| 19 | 密度板 | | 注明厚度 |
| 20 | 木材 | | 表示垫木、木砖或木龙骨 |
| | | | 表示木材横断面 |
| | | | 表示木材纵断面 |

| 序号 | 名称 | 图例 | 备注 |
|------|------|------|------|
| 21 | 胶合板 | | 注明厚度或层数 |
| 22 | 多层板 | | 注明厚度或层数 |
| 23 | 木工板 | | 注明厚度 |
| 24 | 石膏板 | | 1. 注明厚度；<br>2. 注明石膏板品种名称 |
| 25 | 金属 | | 1. 包括各种金属，注明材料名称；<br>2. 图形较小时，可涂黑 |
| 26 | 液体 | （平面） | 注明具体液体名称 |
| 27 | 玻璃砖 | | 注明厚度 |
| 28 | 普通玻璃 | （立面） | 注明材质、厚度 |
| 29 | 磨砂玻璃 | （立面） | 1. 注明材质、厚度；<br>2. 本图例采用较均匀的点 |
| 30 | 夹层（夹绢、夹纸）玻璃 | （立面） | 注明材质、厚度 |
| 31 | 镜面 | （立面） | 注明材质、厚度 |

| 序号 | 名称 | 图例 | 备注 |
|------|------|------|------|
| 32 | 橡胶 | | |
| 33 | 塑料 | | 包括各种软、硬塑料及有机玻璃等 |
| 34 | 地毯 | | 注明种类 |
| 35 | 防水材料 | （小尺度比例）<br>（大尺度比例） | 注明材质、厚度 |
| 36 | 粉刷 | | 本图例采用较稀的点 |
| 37 | 窗帘 | （立面） | 箭头所示为开启方向 |

注：序号 2、5、7、8、9、15、16、21、22、25、28、30、32、33 图例中的斜
线、短斜线、交叉斜线等均为 45°。

## 1.1.2　常用标注尺寸的符号及缩写词

常用标注尺寸的符号及缩写词，见表 1-2。

常用标注尺寸的符号及缩写词　　　　表 1-2

| 含义 | 符号或缩写词 | 含义 | 符号 |
|------|------|------|------|
| 直径 | $\phi$ | 深度 | ↓ |
| 半径 | $R$ | 沉孔或锪平 | ⊔ |
| 球直径 | $S\phi$ | 埋头孔 | ∨ |
| 厚度 | $t$ | 弧长 | ⌒ |
| 均布 | EQS | 斜度 | ∠ |
| 45°倒角 | $C$ | 锥度 | ◁ |
| 正方形 | □ | 展开长 | ◯→ |

4

# 1.1.3 常用型钢的标注方法

常用型钢的标注方法，见表 1-3。

| 序号 | 名　称 | 截　面 | 标　准 | 说　明 |
|---|---|---|---|---|
| 1 | 等边角钢 | └ | └ $b×t$ | $b$ 为肢宽；<br>$t$ 为肢厚 |
| 2 | 不等边角钢 | └ ($B$) | └ $B×b×t$ | $B$ 为长肢宽；<br>$b$ 为短肢宽；<br>$t$ 为肢厚 |
| 3 | 工字钢 | I | I N　Q I N | 轻型工字钢加注 Q 字 |
| 4 | 槽钢 | [ | [ N　Q [ N | 轻型槽钢加注 Q 字 |
| 5 | 方钢 | ▨ $b$ | □ $b$ | — |
| 6 | 扁钢 | $b$ | — $b×t$ | — |
| 7 | 钢板 | — | $-\dfrac{b×t}{L}$ | 宽×厚<br>板长 |
| 8 | 圆钢 | ⊘ | $\phi d$ | |
| 9 | 钢管 | ○ | $\phi d×t$ | $d$ 为外径；<br>$t$ 为壁厚 |

| 序号 | 名　称 | 截　面 | 标　准 | 说　明 |
|------|--------|--------|--------|--------|
| 10 | 薄壁方钢管 | ☐ | B ☐ $b \times t$ | 薄壁型钢加注 B字；<br>$t$ 为壁厚 |
| 11 | 薄壁等肢角钢 | ∟ | B ∟ $b \times t$ | |
| 12 | 薄壁等肢卷边角钢 | | B $b \times a \times t$ | |
| 13 | 薄壁槽钢 | | B $h \times b \times t$ | |
| 14 | 薄壁卷边槽钢 | | B $h \times b \times a \times t$ | |
| 15 | 薄壁卷边 Z 型钢 | | B $h \times b \times a \times t$ | |
| 16 | T 型钢 | T | TW×× <br> TM×× <br> TN×× | TW 为宽翼缘 T型钢；<br> TM 为中翼缘 T型钢；<br> TN 为窄翼缘 T型钢 |
| 17 | H 型钢 | H | HW×× <br> HM×× <br> HN×× | HW 为宽翼缘 T型钢；<br> HM 为中翼缘 T型钢；<br> HN 为窄翼缘 T型钢 |
| 18 | 起重机钢轨 | | ⊥ QU×× | 详细说明产品规格型号 |
| 19 | 轻轨及钢轨 | | ⊥ ××kg/m 钢轨 | |

## 1.1.4 表面粗糙度的符号及意义

表面粗糙度的符号及意义，见表1-4。

表面粗糙度的符号及意义      表 1-4

| 符　　号 | 意义及说明 |
|---|---|
| $\sqrt{\quad}$ | 　基本符号，表示表面可用任何方法获得。当不加注粗糙度参数值或有关说明(如表面处理、局部热处理方法等)时，仅用于简化代号标注 |
| $\sqrt{\quad}$ | 　基本符号＋短画线，表示表面是用去除材料的方法获得，如车、钻、铣、刨、磨、剪切、抛光、腐蚀、电火花、气割等 |
| $\sqrt{\quad}$ | 　基本符号＋小圆圈，表示表面是用不去除材料的方法获得，如铸、锻、冲压变形、热轧、冷轧、粉末冶金等，或是用于保持原供应状况的表面(包括保持上道工序的状况) |
| $\sqrt{\quad}$ $\sqrt{\quad}$ $\sqrt{\quad}$ | 　在上述三个符号的长边＋横线，用于标注有关参数和说明 |
| $\sqrt{\quad}$ $\sqrt{\quad}$ $\sqrt{\quad}$ | 　在上述三个符号上＋小圆圈，表示所有表面具有相同的表面粗糙度要求 |

## 1.1.5 常见孔的尺寸注法

常见孔的尺寸注法，见表1-5。

## 1.1.6 螺栓、孔、电焊铆钉的表示方法

螺栓、孔、电焊铆钉的表示方法，见表1-6。

表 1-5

## 常见孔的尺寸注法

| 类型 | 旁注法 | 普通注法 | 说明 |
|---|---|---|---|
| 一般光孔 | 4×φ4▽10　4×φ4▽10 | 4×φ4　10 | 4×φ4 表示直径为 4mm，均匀分布的 4 个光孔。孔深可与孔径连注，也可分别注出 |
| 精加工光孔 | 4×φ4H7▽10 孔▽12　4×φ4H7▽10 孔▽12 | 4×φ4H7　10　12 | 4×φ4 表示直径为 4mm，均匀分布的 4 个光孔。孔深度为 10mm，（铰孔）深度为 12mm |
| 锥销光孔 | 锥销孔φ4 配作　锥销孔φ4 配作 | φ4 配作 | φ4 为锥销孔的小端直径，锥销孔通常与其相邻零件的同位锥销一起配钻铰孔 |

| 类型 | 旁注法 | 普通注法 | 说明 |
|------|--------|----------|------|
| 通螺孔 | 3×M6−7H<br>3×M6−7H | 3×M6−7H<br>3×M6−7H | 3×M6 表示公称直径为 6mm，均匀分布的 3 个螺孔 |
| 不通螺孔 | 3×M6−7H▽10<br>3×M6−7H▽10 | 3×M6−7H<br>10 | 只注写螺孔深度时，可以与螺孔直径连注 |
| 不通螺孔 | 3×M6−7H▽10<br>3×M6−7H▽10<br>10 | 3×M6−7H<br>10 12 | 需注出光孔深度时，应分别注写出螺纹和钻孔的深度尺寸 |

| 类型 | 旁注法 | | 普通注法 | 说明 |
|---|---|---|---|---|
| 锥形沉孔 | 6×φ7<br>∨φ13×90° | 6×φ7<br>∨φ13×90° | 90° φ13<br>6×φ7 | 6×φ7 是直径为7mm,均匀分布的6个孔。沉孔尺寸为锥形部分的尺寸 |
| 柱形沉孔 | 4×φ6.4<br>⊔φ12▽4.5 | 4×φ6.4<br>⊔φ12▽4.5 | 4.5 φ12<br>4×φ6.4 | 4×φ6.4 为直径小的柱孔尺寸;沉孔φ12深为4.5mm,为直径大的柱孔尺寸 |
| 锪平沉孔 | 4×φ6.4<br>⊔φ12 | 4×φ6.4<br>⊔φ12 | ⊔φ20<br>4×φ9 | 4×φ9 为直径小的柱形沉孔尺寸。锪平部分的深度不注写。一般锪平到不出现毛面为止 |

| | | | 螺栓、孔、电焊铆钉的表示方法 | 表 1-6 |

| 序号 | 名称 | 图 例 | 说 明 |
|---|---|---|---|
| 1 | 永久螺栓 | | |
| 2 | 高强螺栓 | | |
| 3 | 安装螺栓 | | 1. 细"＋"线表示定位线； |
| 4 | 膨胀螺栓 | | 2. $M$ 表示螺栓型号；<br>3. $\phi$ 表示螺栓孔直径；<br>4. $d$ 表示膨胀螺栓、电焊铆钉直径；<br>5. 采用引出线标准螺栓时，横线上标注螺栓规格，横线下标注螺栓孔直径 |
| 5 | 圆形螺栓孔 | | |
| 6 | 长圆形螺栓孔 | | |
| 7 | 电焊铆钉 | | |

## 1.1.7 形位公差项目的规定符号与形位公差标注方法

形位公差项目的规定符号，见表 1-7。形位公差标注方法，见图 1-1。

11

## 形位公差项目的规定符号 表 1-7

| 公差 | | 特征项目 | 符号 |
|---|---|---|---|
| 形状公差 | 形状 | 直线度 | — |
| | | 平面度 | ▱ |
| | | 圆度 | ○ |
| | | 圆柱度 | ⌭ |
| 形状公差或位置公差 | 轮廓 | 线轮廓度 | ⌒ |
| | | 面轮廓度 | ⌓ |
| 位置公差 | 定向 | 平行度 | ∥ |
| | | 垂直度 | ⊥ |
| | | 倾斜度 | ∠ |
| | 定位 | 位置度 | ⊕ |
| | | 同轴度 | ◎ |
| | | 对称度 | ⊜ |
| | 跳度 | 圆跳度 | ↗ |
| | | 全跳度 | ↗↗ |

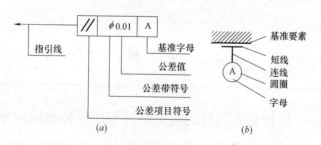

*(a)* *(b)*

图 1-1 形位公差代号与基准代号

（a）形位公差代号；（b）基准代号

12

## 1.2 放样划线、锯切下料及矫正操作工艺

### 1.2.1 放样划线

#### 1. 放样

（1）熟悉施工图纸，并逐一核对图纸间的相互关系和尺寸。按 1：1 的比例放出实样，制成样板（样杆）作为下料、成型、边缘加工和成孔的依据。

（2）样板一般用 0.50～0.75mm 的铁皮制作。样杆一般用扁钢制作。当长度较短时可用木杆。

（3）样板（样杆）上应注明工号、零件号、数量及加工边、坡口部位、弯折线和弯折方向、孔径和滚圆半径等。样板（样杆）妥为保存，直至工程结束方可销毁。

（4）放样时，要边缘加工的工件应考虑加工预留量，焊接构件要按规范要求放出焊接收缩量。由于边缘加工时常成叠加工，尤其当长度较大时不易对齐，所有加工边一般要留加工余量2～3mm。

#### 2. 划线

直接划线工具有划针、划规、划卡、划针盘和样冲。对精度要求较高的构件号料时，宜采用划针划线，划针要依靠钢尺或直尺等导线工具而移动，并向外侧倾斜 15°～20°，向划线方向倾斜约 45°～75°，如图 1-2 所示。

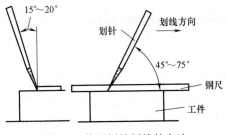

图 1-2　使用划针划线的方法

要尽量做到一次划成，以使线条清晰、准确。划线宽度宜为0.3mm，较长的直线段可采用弹簧钢丝配合直尺、角尺联合划线，划线宽度宜为0.8mm。

## 1.2.2　锯切下料

铝合金型材、钢构件应按其厚度、形状、加工工艺和设计要求选择切割加工方式。

**1. 手工锯下料**

（1）锯条要装得松紧适当，锯削时不要突然用力过猛，防止工件中锯条折断从锯弓上崩出伤人。

（2）工件夹持要牢固，以免工件松动、锯缝歪斜、锯条折断。

（3）要经常注意锯缝的平直情况，如发现歪斜应及时纠正。歪斜过多纠正困难，不能保证锯削的质量。

（4）工件将锯断时压力要小，避免压力过大使工件突然断开，手向前冲造成事故。一般工件将锯断时要用左手扶住工件断开部分，以免落下伤脚。

（5）在锯削钢件时，可加些机油，以减少锯条与工件的摩擦，提高锯条的使用寿命。

**2. 常见材料锯切操作**

（1）扁钢：从扁钢较宽的面下锯，这样可使锯缝的深度较浅而整齐，锯条不致卡住。

为了能准确地切入所需的位置，避免锯条在工件表面打滑，起锯时，要保持小于15°的起锯角，并用左手的大拇指挡住锯条，往复行程要短，压力要轻，速度要慢。起锯好坏直接影响断面锯割质量。

（2）圆棒锯割：一种是沿着从上至下锯割，断面质量较好，但较费力；另一种是锯下一段截面后转一角度再锯割。这样可避免通过圆棒直径锯割，减少阻力，效率高，但断面质量一般较差。

（3）薄管锯割：为防止管子夹在两块木制的 V 形槽垫块里，锯割时，不断沿锯条推进方向转动。不能从一个方向锯到底，否则锯齿容易崩裂。

（4）圆管：直径较大的圆管，不可一次从上到下锯断，应在管壁被锯透时，将圆管向推锯方向转动，边锯边转，直至锯断。

（5）槽钢：槽钢与扁钢、角钢的锯割方法相同。

（6）锯薄板：锯割薄板时，为了防止工件产生振动和变形，可用木板夹住薄板两侧进行锯割，以防卡住锯齿，损坏锯条。

（7）锯深缝：锯割深缝时，应将锯条在锯弓上转动 90° 角，操作时使锯弓放平，平握锯柄，进行推锯。

**3. 双头锯、单头锯锯切下料操作**

（1）操作人员按料单领料，核对材料牌号，规格尺寸，表面处理方式及颜色，检查外观，表面不得有腐蚀、氧化、弯曲、扭曲、扭拧等。

（2）根据工序卡，工序程序或设计图纸尺寸。调整设备到最好的加工状态后，才允许生产操作。

（3）型材夹紧时不允许有变形、型材表面与定位要靠紧；对于断面形状的型材，不适合直接夹紧，应加支撑块后再夹紧。垫块要光滑平整，一定要夹紧可靠后加工。

（4）型材两端切角时，先旋转工作台（锯片）角度，然后装夹工件加工。加工时，先按下气动夹具按钮，使水平、垂直顶杆将型格夹紧牢固，然后起锯下料，加工完成后松开气动夹具，最后卸料。

（5）角度切料只允许单排，即旋转锯片时，允许几件平放加工，旋转工作台时，允许几件叠放加工。

（6）如加工壁厚较大的型材，应调整锯片进给量，如设备出现异常噪声时，应调小锯片进给量，不允许超负荷操作。

（7）断料端头要求平滑无痕，某些截面较厚或较宽的材料出现有切口痕的（图 1-3），高低不平度以 0.2mm 为限，同时需特别留意切割高温是否会烧焦涂层面。

图1-3 下料端面不应有切口痕

（8）断料端头与料面形成的切角，不允许有锯齿状刻痕（狗牙边），切割时产生的披锋、棱边、毛刺等应于工序完成的同时清除干净。

**4. 无齿锯下料**

（1）下料前要检查锯片是否破损、紧固、空转是否平稳。

（2）下料时注意型钢的套裁，保证型钢纵向垂直于锯片。

（3）根据下料尺寸、数量可采用划线或挡块形式进行切割。尺寸较大、数量较少，可采用挡块形式，按下料尺寸确定挡块或划线的位置。

（4）加工时夹紧工件进行切割。

（5）切割时，要均匀加力，按画线或挡块位置加工，避免因用力过大，造成锯片损坏，甚至烧坏电机发生意外。切割中，不允许在切割片端面垂直地加工磨削，或站位正对切割件，要注意周围其他人员安全，防止意外。

（6）加工后，用角磨机清理飞边毛刺，将棱边倒钝，保证表面质量。

**5. 剪板机下料**

（1）根据金属板材材料及厚度选择上下刃口间隙。间隙调整时，将夹紧螺钉旋松，转动手柄调整，到刻度后，将夹紧螺钉拧紧后，进行试切，查看下料是否有明显毛刺，有则适当调小间隙。必要时可更换上下刀。

（2）检查导尺与刀刃是否与要求角度一致。

（3）根据下料长度或宽度调整定位块，检查并保证定位块（板）位置。

（4）定位块（板）调整距离不能满足时，可用工作台定位方式。

（5）剪板后弯曲变形要进行校平并符合平面度要求。

（6）剪板后断面毛刺的，要用角磨机处理，达到要求。

### 1.2.3 金属型材矫正

金属型材的矫正可视变形大小、制作条件、质量要求采用冷矫正或热矫正方法。

**1. 冷矫正**

应采用机械矫正。冷矫正一般应在常温下进行。碳素结构钢在环境温度（现场温度）低于$-16$℃，低合金结构钢低于$-12$℃时，不得进行冷矫正。用手工锤击矫正时，应采取在钢材下面加放垫块、薄垫、锤垫等措施。

**2. 热矫正**

用冷矫正有困难或达不到质量要求时，可采用热矫正。

（1）火焰矫正常用的加热方法有点状加热、线状加热和三角形加热三种。点状加热根据结构特点和变形情况，可加热一点或数点。线状加热时，火焰沿直线移动或同时在宽度方向作横向摆动，宽度一般约是钢材厚度的$0.5\sim2$倍，多用于变形量较大或刚性较大的结构。三角形加热的收缩量较大，常用于矫正厚度较大、刚性较强的构件的弯曲变形。

（2）低碳钢和普通低合金钢的热矫正加热温度一般为$600\sim900$℃，$800\sim900$℃是热塑性变形的理想温度，但不应超$900$℃。中碳钢一般不用火焰矫正。

（3）矫正后，钢材表面不应有明显的凹面或损伤，划痕深度不得大于$0.5$mm。

## 1.3 锉削、制孔、铆接操作工艺

### 1.3.1 锉削工艺

锉削是利用锉刀对工件材料进行切削加工的一种操作。它的应用范围很广，可锉工件的外表面、内孔、沟槽和各种形状复杂的表面。

**1. 选择锉刀**

根据加工余量选择：若加工余量大，则选用粗削刀或大型锉刀；反之则选用细锉刀或小型锉刀。

根据加工精度选择：若工件的加工精度要求较高，则选用细锉刀，反之则用粗锉刀。

**2. 工件夹持**

将工件夹在虎钳钳口的中间部位，伸出不能太高，否则易震动，若表面已加工过，则垫铜钳口。

**3. 平面锉削方法**

平面锉削方法有顺向锉、交叉锉、推锉三种。

（1）顺向锉法：锉刀沿着工件表面横向或纵向移动，锉削平面可得到正直的锉痕，比较整齐美观。适用于锉削小平面和最后修光工件，如图 1-4（a）所示。

（2）交叉锉法：是以交叉的两方向顺序对工件进行锉削。由于锉痕是交叉的，容易判断锉削表面的不平程度，因而也容易把表面锉平。交叉锉法去屑较快，适用于平面的粗锉，如图 1-4（b）所示。

（3）推锉法：两手对称地握住锉刀，用两大拇指推锉刀进行锉削。这种方法适用于较窄表面且已经锉平、加工余量很小的情况下，来修正尺寸和减小表面粗糙度，如图 1-4（c）所示。

**4. 锉削操作要点**

（1）不准使用无柄锉刀锉削，以免被锉舌戳伤手。

（2）不准用嘴吹锉屑，以防锉屑飞入眼中。

（3）锉削时，锉刀柄不要碰撞工件，以免锉刀柄脱落伤人。

（4）放置锉刀时不要把锉刀露出钳台外面，以防锉刀落下砸伤操作者。

（5）锉削时不可用手摸被锉过的工件表面，因手有油污会使锉削时锉刀打滑而造成事故。

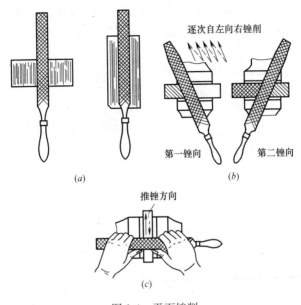

图 1-4　平面锉削

（a）顺向锉法；（b）交叉锉法；（c）推锉法

（6）锉刀齿面塞积切屑后，用钢丝刷顺着锉纹方向刷去锉屑。

## 1.3.2　制孔工艺

常用的钻床有台式钻床、立式钻床、摇臂钻床三种。手电钻也是常用钻孔工具。

**1. 孔位的确定**

（1）划线法：划线后用样冲冲眼，然后钻孔，此法一般在试制阶段应用。

（2）样板法：用样板定位，样冲冲窝，后钻孔。

（3）钻模法：在较厚工件上钻孔时，可采用简易钻孔导套和专用钻孔导套钻孔，如图 1-5（a）所示；或使用钻模钻孔，如图 1-5（b）所示；还可采用二次钻孔法，先钻初孔，如图 1-5

($c$) 所示，然后，使用最后直径钻头扩孔，如图 1-5（$d$）所示。

（4）配作法：具有配合要求的组件对应孔需配作。

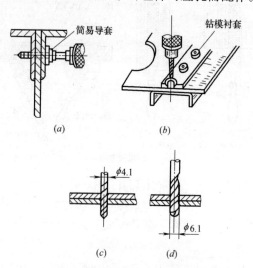

图 1-5　在较厚工件上钻孔方法

（$a$) 按简易导套钻孔；（$b$) 按钻模钻孔；

（$c$) 先钻初孔；（$d$) 扩钻最后直径孔

## 2. 钻孔要点

（1）选择转速和进给量的方法如下：

1）用小钻头钻孔时，转速可快些，进给量要小些。

2）用大钻头钻孔时，转速要慢些，进给量适当大些。

3）钻硬材料时，转速要慢些，进给量要小些。

4）钻软材料时，转速要快些，进给量要大些。

5）用小钻头钻硬材料时可以适当地减慢速度。

6）钻孔时手进给的压力是根据钻头的工作情况，以目测和感觉进行控制。

（2）在边距要求不同的零件上一起钻孔时，应从边距小的一面往大的方向钻。

（3）在不同厚度和不同硬度的零件上钻孔时，原则上应从厚到薄（图1-6），从硬到软（图1-7）。

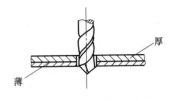 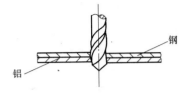

图1-6　在不同厚度
零件上的钻孔方法

图1-7　在不同硬度
零件上的钻孔方法

（4）在刚性较差的薄壁板工件上钻孔时，工件后面一定要有支撑物，如图1-8所示。

（5）钻削时的冷却润滑：钻削钢件时常用机油或乳化液；钻削铝件时常用乳化液或煤油；钻削铸铁时则用煤油。

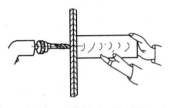

图1-8　薄壁工件上钻孔

**3. 钻孔操作**

（1）装夹钻头，一定要用钻夹头钥匙装卸，严禁用手打钻夹头或用其他方法装卸钻头，以免风钻轴偏心，影响孔的精度，如图1-9所示。

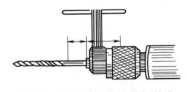

图1-9　用钻夹头钥匙装卸钻头

（2）右手握紧风钻手柄，中指掌握扳机开关和无名指协调控制进风量，灵活操纵风钻转速，左手托住钻身，始终保持风钻平稳向前推进，如图1-10（a）所示。

（3）钻孔时要保证风钻轴线和水平方向与被钻工件表面垂直，如图1-10（b）所示，楔形工件钻孔除外。

（4）钻孔时风钻转速要先慢后快，当孔快钻透时，转速要慢，压紧力要小，在台钻上钻孔时，要根据工件材质，调整转速和进刀量。

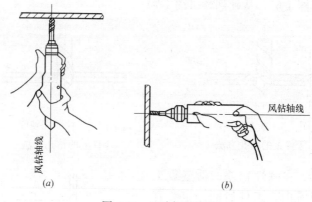

图 1-10　正确握钻姿势

（5）使用短钻头钻孔时，根据工件表面开敞情况，在左手托住钻身情况下，并用拇指和食指，也可用左手肘接触被钻工件作为钻孔支点，保证钻头钻孔的准确位置，防止钻头打滑钻伤工件，当孔钻穿时，又可防止钻帽碰伤工件表面，还可使风钻连续运转，提高钻孔速度。

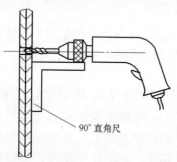

图 1-11　用角尺检验钻孔垂直度

（6）使用长钻头钻孔时，一定要用手掌握钻头光杆部位，以免钻头抖动，使孔径超差或折断钻头。

（7）使用风钻钻较厚工件时，要用目检或90°角尺检查垂直度，钻孔时还要勤退钻头排屑，如图 1-11 所示。

**4. 多头钻加工操作**

（1）加工工件前，设备空载运转，检查各部分设备是否正常，待设备调整至良好状态下方可操作。

（2）按照设计图纸各加工孔形式安装钻模板。安装时一定调整好方向轴及固定轴的配合关系，按型号选好钻夹头与钻头，并按图纸要求调整好各工作的相对位置，逐一按尺寸校准后，找一支规格相同的废型材或复合板进行试加工，试加工时，在钻头刚接触到工件后，马上抬起，将工件留下的印记进行检验，如孔位与图纸要求有偏差，需重新调整各钻头位置，反复试钻直到各孔位置满足图纸设计时，再进行首件加工。

（3）首件加工前，调校工作台所在位置是否在所需位置，检查钻咀的空钻选种是否撞到工件及加工行程是否够长，加工完成后检验其准确度，如有偏差及时调整以确保加工精度。

**5. 钻铣床加工操作**

（1）根据工序卡、工艺规程或设计图纸尺寸，进行划线加工（批量小），如非装饰面，用划针划线，如装饰面，用铅笔划线，划线宽度不超过 0.2mm，按线钻孔时，必须用冲头在孔位点打窝；当钻孔位置不是平面时，应将其调整为平面后，再加工。

（2）加工前夹紧工具后，开机试转看是否偏摆，及时将设备调整至良好状态下，才能允许操作。

（3）钻孔成铣加工中，工件一定要夹紧，型材夹紧时不允许有变形，装夹时应加垫尼龙垫片，以免将装饰表面夹伤，型材表面与定位面要靠紧。严禁用手拿工件进行钻铣加工。

（4）钻头或铣刀刃口磨钝后，应立即刃磨，以免影响工作加工质量。

（5）钻盲孔时，应利用钻床标尺或在钻头套上定位环控制孔深，要经常退屑；加工孔径≤6mm 的孔时，开始钻进及孔快钻通时，进给力要轻，要经常排屑，并同时加一些切削液。

（6）钻薄壁件时，下面应垫支撑物，应该"锪孔"；钻孔时，冷却液要充分。

（7）在不影响加工形状的条件下，应尽量使用直径较大的铣刀，在铣封闭内形时，应该先钻一个工艺孔，孔径应比铣刀直径稍大。

# 1.3.3 铆接工艺

铆接是指用铆钉连接两个或多个零件的操作过程。它主要由连接件铆钉和被连接板件组成。铆接的过程是：将铆钉插入被铆接工件的孔内，并把铆钉头紧贴工件表面，然后将铆钉杆的一端墩粗成为铆合头（也称镦头），如图1-12所示。

常用铆钉的形状有半圆头、平头、沉头、抽芯铆钉、击芯铆钉（图1-13）等。

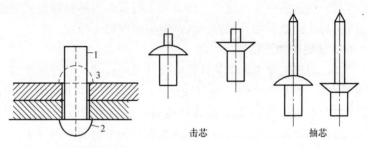

图1-12 铆接过程示意
1—铆钉杆；2—铆钉原头；
3—铆合头

图1-13 抽芯铆钉、击芯铆钉

### 1. 抽芯铆钉铆接过程

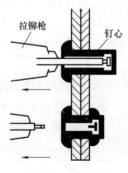

图1-14 抽芯铆
铆钉铆接过程

如图1-14所示，将抽芯铆钉插入铆件孔内，并将伸出铆钉头的钉芯插入拉铆枪头部的孔内，然后起动拉铆枪。由于钉芯的一端是制成凸缘形的，随着钉芯的抽出，使伸出铆件的铆钉杆在凸缘作用下自行膨胀形成铆合头，待工件铆牢后，钉芯即在凹槽处断开而被抽出。

### 2. 击芯铆钉的铆接过程

如图1-15所示，将击芯铆钉插入铆件孔内，用锤子敲击钉芯，当钉芯敲到与铆钉头相平时，钉芯即被击至铆钉杆的底部。由于钉芯的一端呈棱锥形，故铆钉伸出铆件的部分，沿印痕向四面胀开形成四角形铆合头，这样工件就被铆合。

24

**3. 铆钉孔和铆钉头的位置**

铆钉孔边缘不应进入板弯件和型材件圆角内，要保证铆钉头不能搭在圆角上，如图 1-16 所示。

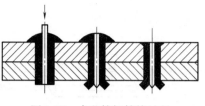

图 1-15 击芯铆钉铆接过程

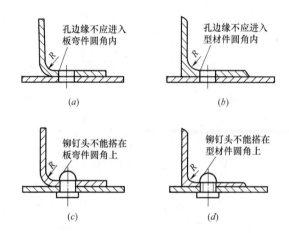

(a)　　　　　　　　(b)

(c)　　　　　　　　(d)

图 1-16 铆钉孔和铆钉头的位置

(a)、(b) 铆钉孔的位置；

(c)、(d) 铆钉头的位置

**4. 板材、型材之间的凸头铆钉铆接**

板材和板材连接用凸头铆钉铆接的工艺过程，如图 1-17 所示；板材和型材连接用凸头铆钉铆接的工艺过程，如图 1-18 所示。

**5. 铆接操作要点**

(1) 当铆接两种不同材料的连接件或铆接材料相同而厚度不同的两个连接件时，为防止铆接变形，应尽量将镦头形成在较硬材料那面或材料较厚的那面，如图 1-19 所示。

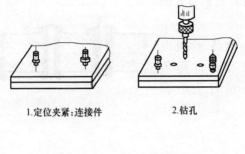

1.定位夹紧:连接件　　　　　2.钻孔

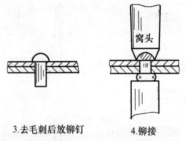

3.去毛刺后放铆钉　　　　　4.铆接

图1-17　板材连接凸头铆钉铆接工艺过程

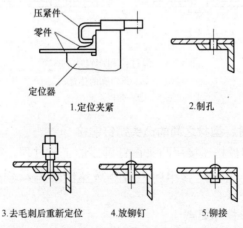

1.定位夹紧　　　　　2.制孔

3.去毛刺后重新定位　　　4.放铆钉　　　　　5.铆接

图1-18　板材和型材连接凸头铆钉工艺过程

（2）铆接后，铆钉头表面不准有伤痕、压坑、裂纹等缺陷，钉头
与铆接件的表面应贴合，允许在范围不超过1/2圆周的间隙≤

26

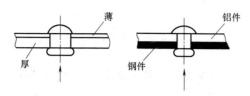

图 1-19　不同材料或不同厚度连接件铆接时镦头形成位置

0.05mm，但在铆缝中这种铆钉不超过 10％，且不允许连续出现，如图 1-20 所示。

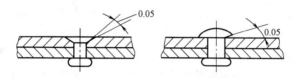

图 1-20　铆钉产生的单面间隙

（3）铆钉镦头不允许有裂纹，标准镦头应呈鼓形，如图 1-21 所示，不允许有"喇叭形"或"马蹄形"，镦头尺寸应满足设计尺寸要求。

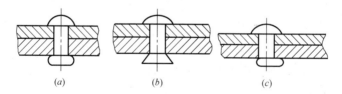

图 1-21　铆钉镦头的形状
（a）标准镦头；（b）喇叭形镦头；（c）马蹄形镦头

# 1.4　手工电弧焊焊接操作工艺

按着基本金属焊接时所处的状态和工艺特点，可以把焊接方法分为熔化焊、压力焊、钎焊三大类。

在手工生产中使用的金属材料，如：钢板、型钢等，一般采用手工电弧焊（简称手弧焊），下面以其为例具体地讲解手工电

27

弧焊。

## 1.4.1　手工电弧焊的原理、特点及应用

手工电弧焊（简称手弧焊）是以焊条和焊件作为两个电极，被焊金属称为焊件或母材。

焊接时因电弧的高温和吹力作用使焊件熔化，形成一个凹槽成为熔池。随着焊条的移动熔池冷却凝固后形成焊缝。焊接后，焊缝表面覆盖的一层渣壳称为焊渣。焊条熔化末端到熔池表面的距离称为电弧长度。从焊件表面至熔池底部距离称为熔透深度。

手工电弧焊设备简单、操作灵活方便、能进行全位置焊接适合焊接各种钢材、铸铁、不锈钢、铜、铝及合金，尤其焊接厚度较大，熔点较高的材料较为方便。不足之处是生产效率低劳动强度大。

## 1.4.2　手弧焊所用工具、设备及电焊条

（1）设备：电焊机是常用的设备，它有直流焊机和交流焊机两大类。

（2）工具：手弧焊的主要辅助工具有；电焊钳、电焊线、面罩、电焊手套、小锤等。

（3）电焊条：由焊芯、药皮两部分组成。

## 1.4.3　焊缝的接头形式

接头形式有对接接头、搭接接头、角接接头和 T 形接头四种，如图 1-22 所示。

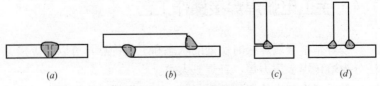

图 1-22　焊缝的接头形式

（a）对接接头；（b）搭接接头；（c）角接接头；（d）T 形接头

## 1.4.4 手弧焊工艺参数

为了得到一个良好的焊接接头，就必须选择合适的焊条直径、焊接电流、电弧长度和焊接速度，也就是选择合适的焊接规范。另外，电弧电压、焊接角度也是规范选择的重要因素。

**1. 焊条直径**

一般根据焊件的厚度、焊缝的位置、焊接层数、接头形式选择。工件厚度在 4mm 以下的采用小于或等于 2.0mm 焊条。

（1）焊件的厚度，厚度较大的焊件应选用较大直径的焊条。

（2）焊缝的位置，平焊时应选用较大直径的焊条。立焊、横焊、仰焊时为减小热输入，防止熔化金属下淌，应采用小直径焊条并配合小电流焊接。

（3）焊接层数，多层焊时为保证根部焊透，第一层焊道应采用小直径焊条焊接，以后各层可以采用较大直径焊条焊接，以提高生产率。

（4）接头形式，搭接接头、T 形接头多用作非承载焊缝，为提高生产效率应采用较大直径的焊条。

**2. 焊接电流**

增大焊接电流能提高生产效率。使熔深增大，但电流过大易造成焊缝咬边和烧穿等缺陷，降低接头的机械性能。焊接时，焊接电流的选择可以从以下几个方面考虑：

（1）根据焊条直径和焊件厚度选择。焊条直径越大，焊件越厚，要求焊接电流越大。平焊低碳钢时，焊接电流 $I$（单位 A）与焊条直径 $d$（单位 mm）的关系式为：

$$I=(35\sim55)d$$

（2）根据焊接位置的选择。在焊条直径一定的情况下，平焊位置要比其他位置焊接时选用的焊接电流大。

**3. 电弧长度**

电弧长度是指焊芯端部（注意：不是药皮端部）与熔池之间的距离，电弧过长时，燃烧不稳定，熔深减少，并且容易产生缺陷，因此，操作时须采用短电弧，一般要求电弧长度不超过焊条直径。

**4. 焊接速度**

单位时间内完成的焊缝长度称为焊接速度。焊接速度过快或过慢都将影响焊缝的质量。

焊接速度过快，熔池温度不够，易造成未焊透、未融合和焊缝过窄等现象。若焊接速度过慢，易造成焊缝过厚、过宽或出现焊穿等现象。

掌握合适的焊接速度有两个原则：一是保证焊透；二是保证要求的焊缝尺寸。

**5. 电弧电压**

电弧电压的大小是由弧长来决定。电弧长则电压高，电弧短则电压低。在焊接过程中应采用不超过焊条直径的短电弧。否则会出现电弧燃烧不稳、保护不好，飞溅大，熔深小，还会使焊缝产生未焊透、咬边和气孔等缺陷。

一般碱性焊条的电弧长度应为焊条直径的一半较好，酸性焊条的电弧长度应等于焊条直径。

**6. 焊条角度**

由于焊缝空间位置的不同，焊接时使用的焊条角度也不同。平焊时焊条与焊件的夹角为 $70°\sim80°$，垂直于左右两个面。

**7. 焊接层数的选择**

在厚板焊接时，必须采用多层焊或多层多道焊。多层焊的前一条焊道对后一条焊道起预热作用，而后一条焊道对前一条焊道起热处理作用（退火和缓冷），有利于提高焊缝金属的塑性和韧性。每层焊道厚度不能大于 $4\sim5mm$。

## 1.4.5 电焊机的接线

手弧焊机的外部接线主要包括开关、熔断器、动力线（电网到弧焊电源）和电缆（电源到焊钳、电源到焊件）的连接，如图1-23所示。

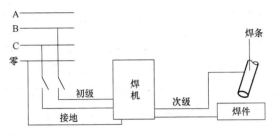

图 1-23　电焊机接线示意图

## 1.4.6　手弧焊的操作方法

### 1. 引弧

引弧是把焊条末端与焊件表面接触，使电流短路，然后再把焊条拉开一定距离（不大于 5mm）电弧即被引燃，具体操作时有直击法、划擦法两种方法。

焊条提起速度要快，否则易产生粘条，如粘条时，只需将焊条左右摇动即可脱离，为防止粘条和顺利的引燃电弧应采用轻击快提，提起的距离短（＜5mm）的方法，划擦法不易粘条。

如焊条与工件接触不能起弧是焊条端部有药皮妨碍导电，这是就应该将这些绝缘物清除干净，以利于导电。

### 2. 平焊操作

水平位置的平焊是手弧焊是最简单的基本操作，主要掌握好焊接"三度"，即电弧长度、焊接长度、焊接角度。

（1）电弧长度：焊接时，焊条送进不及时时，电弧就会拉长，影响质量，电弧的合理长度为 2～4mm，最佳位置为所使用的焊条直径。

（2）焊接速度：起弧后，形成熔池，焊条就要均匀的沿焊接方向移动，运动速度即为焊接速度。应当匀速而适当，太快或太慢都会降低焊缝的外观和质量，焊速适当时，焊缝的熔宽约等于焊条直径的 1.5～2 倍，表面平整，波纹细密，焊速太快时，焊道窄而高，波纹粗糙，熔化不良，焊速太慢时，焊宽过大，工件易被烧穿。

（3）焊接角度：焊条与焊件两侧工件平面的夹角应当相等，如平板对接时焊条的前后角均应等于 90°，而焊条与焊缝末端的夹角应为 70°～80°，这样就可使焊缝深处能熔深熔透，电弧吹力还有一个作用，就是朝已焊向吹，阻碍熔渣向未焊方向流动，防止形成夹渣而影响焊缝质量。

**3. 手弧焊常用运条方法**

（1）直线形运条法————→：采用这种方法焊接时，要保持一定弧长，并沿焊接方向作不摆动的直线前进。

（2）锯齿形运条法 VVVVVV：锯齿形运条法是焊条端部要作锯齿形摆动。并在两边稍作停留（但要注意防止咬边）以获得合适的熔宽。

（3）环形运条法 ⓄⓄⓄⓄⓄⓄ：环形运条法是焊条端部要作环形摆动。

**4. 焊缝的起头**

焊缝的起头是指刚开始焊接处的焊缝。这部分焊缝的余高容易增高，这是由于开始焊接时工件温度较低，引弧后不能迅速使这部分金属温度升高，因此熔深较浅，余高较大。

为减少或避免这种情况，可在引燃电弧后先将电弧稍微拉长些，对焊件进行必要的预热，然后适当压低电弧转入正常焊接。

**5. 焊缝的收尾**

焊缝的收尾是指一条焊缝完成时，应把弧坑填满，如果收尾时立即拉断电弧，则会形成低于焊件表面的弧坑。过深的弧坑使焊缝收尾处强度减弱，容易造成应力集中而导致裂纹，焊接时通常采用三种方法：

（1）划圈收弧法：适合于厚板焊接的收尾。

（2）反复断弧收尾法：适合于薄板和大电流焊接的收尾，不适于碱性焊条。

（3）回焊收弧法：适合于碱性焊条的收尾。

## 1.4.7　焊接工艺安全技术

（1）焊接设备的机壳必须接地，以免由于漏电造成触电事故。

（2）焊接设备的安全修理和检查应由电工进行，焊工不得私自拆卸。

（3）为了防止焊钳与焊件之间发生短路而烧坏焊机。中断焊接时或焊接工作结束时，先将电焊钳放置在可靠安全的地方，然后将电源关掉。

（4）推拉闸刀开关时，一般要戴好干燥的皮手套，同时焊工的头部需要偏斜些，以防推拉闸刀时脸部被电弧火花灼伤。

（5）在金属结构上面或金属容器内焊接时，焊工必须穿好防护鞋，戴好皮手套，并在脚下垫上橡皮垫或其他绝缘衬垫，以保焊工与焊件之间绝缘。

（6）在潮湿的地方工作时，应穿上胶鞋或用干燥的木板作垫脚。

（7）遇到有人触电时，切不可用赤手去拉触电人员，应迅速将电流切断。

# 2 铝合金门窗制作及安装

普通门窗的框扇及相关杆件，如图 2-1 所示。

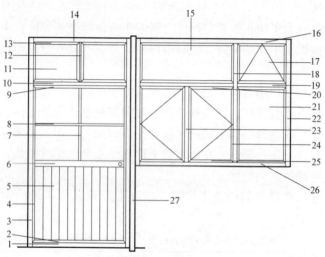

图 2-1 普通门窗框扇示意

1—门下框；2—门扇下梃；3—门边框；4—门扇边梃；5—镶板；6—门扇中横梃；
7—竖芯；8—横芯；9—门扇上梃；10—门中横框；11—亮窗；12—亮窗中竖框；
13—玻璃压条；14—门上框；15—固定亮窗；16—窗上框；17—亮窗；
18—窗中竖框；19—窗中横框；20—窗扇上梃；21—固定窗；22—窗边框；
23—窗中竖梃；24—窗扇边梃；25—窗扇下梃；26—窗下框；27—拼樘框

## 2.1 铝合金门窗的分类、命名和标记

### 2.1.1 铝合金门窗的分类

（1）按建筑外围护用和内围护用，划分为外墙用（代号为

34

W）、内墙用（代号为 N）。

（2）按使用功能划分门、窗类型和代号及其相应的性能项目，分别见表 2-1 和表 2-2 所示。

**门的功能类别和代号** 表 2-1

| 种类 | 普通型 | | 隔声型 | | 保温型 | | 遮阳型 |
|------|--------|--|--------|--|--------|--|--------|
| 代号 | PT | | GS | | BW | | ZY |
| | 外门 | 内门 | 外门 | 内门 | 外门 | 内门 | 外门 |

**窗的功能类别和代号** 表 2-2

| 种类 | 普通型 | | 隔声型 | | 保温型 | | 遮阳型 |
|------|--------|--|--------|--|--------|--|--------|
| 代号 | PT | | GS | | BW | | ZY |
| | 外窗 | 内窗 | 外窗 | 内窗 | 外窗 | 内窗 | 外窗 |

（3）按开启形式划分门、窗品种与代号，分别见表 2-3、表 2-4。

**门的开启形式品种与代号** 表 2-3

| 开启类别 | 平开旋转类 | | | 推拉平移类 | | | 折叠类 | |
|----------|-----------|--|--|-----------|--|--|--------|--|
| 开启形式 | （合页）平开 | 地弹簧平开 | 平开下悬 | （水平）推拉 | 提升推拉 | 推拉下悬 | 折叠平开 | 折叠推拉 |
| 代号 | P | DHP | PX | T | ST | TX | ZP | ZT |

**窗的开启形式品种与代号** 表 2-4

| 开启类别 | 平开旋转类 | | | | | | | |
|----------|-----------|--|--|--|--|--|--|--|
| 开启形式 | （合页）平开 | 滑轴平开 | 上悬 | 下悬 | 中悬 | 滑轴上悬 | 平开下悬 | 立转 |
| 代号 | P | HZP | SX | XX | ZX | HSX | PX | LZ |

| 开启类别 | 推拉平移类 | | | | | 折叠类 |
|----------|-----------|--|--|--|--|--------|
| 开启形式 | （水平）推拉 | 提升推拉 | 平开推拉 | 推拉下悬 | 提拉 | 折叠推拉 |
| 代号 | T | ST | PT | TX | TL | ZT |

## 2.1.2 铝合金门窗的命名和标记

### 1. 命名方法

按门窗用途（可省略）、功能、系列、品种、产品简称（铝合金门，代号 Lm；铝合金窗，代号 LC）的顺序命名。

### 2. 标记方法

按产品的简称、命名代号—尺寸规格型号、物理性能符号与等级或指标值（抗风压性能 $P_3$—水密性能 $\Delta P$—气密性能 $q_1/q_2$—空气声隔声性能 $R_w C_{tr}/R_w C$—保温性能 $K$—遮阳性能 $SC$—采光性能 $T_r$）、标准代号的顺序进行标记。

### 3. 命名与标记示例

示例 1：命名——（外墙用）普通型 50 系列平开铝合金窗，该产品规格型号为 115145，抗风压性能 5 级，水密性能 3 级，气密性能 7 级，其标记为：

铝合金窗 WPT50PLC-115145（$P_3$ 5—$\Delta P3$—$q_1$ 7）GB/T 8478—2008

示例 2：命名——（外墙用）保温型 65 系列平开铝合金门，该产品规格型号为 085205，抗风压性能 6 级，水密性能 5 级，气密性能 8 级，其标记为：

铝合金门 WBW65PLm-085205（$P_3$ 6-$\Delta P5$—$q_1$ 8）GB/T 8478—2008

示例 3：命名——（内墙用）隔声型 80 系列提升推拉铝合金门，该产品规格型号为 175205，隔声性能为 4 级的产品，其标记为：

铝合金门 NGS80STLm-175205（$R_w$＋C4）GB/T 8478—2008

示例 4：命名——（外墙用）遮阳型 50 系列滑轴平开铝合金窗，该产品规格型号为 115145，抗风压性能 6 级，水密性能 4 级，气密性能 7 级，遮阳性能 $SC$ 值为 0.5 的产品，其标记为：

铝合金窗 WZY50HZPLC-115145（$P_3$ 6—$\Delta P4$—$q_1$ 7—$SC0.5$）

## 2.1.3 铝合金材料要求

（1）铝合金材料的牌号所对应的化学成分应符合现行国家标准《变形铝及铝合金化学成分》GB/T 3190 的有关规定，铝合金型材质量应符合现行国家标准《铝合金建筑型材》GB 5237 的有关规定，型材尺寸允许偏差应达到高精级或超高精级。

铝合金型材尺寸允许偏差有普通级、高精级和超高精级之分。幕墙属于比较高级的建筑产品，为保证其承载力、变形和耐久性要求，应采用高精级或超高精级的铝合金型材。

（2）铝合金型材采用阳极氧化、电泳涂漆、粉末喷涂、氟碳喷涂进行表面处理时，应符合国家现行标准《铝合金建筑型材》GB 5237 规定的质量要求，表面处理层的厚度应满足表 2-5 的要求。

铝合金型材表面处理层的厚度　　　　表 2-5

| 表面处理方法 | | 膜层级别(涂层种类) | 厚度 $t(\mu m)$ | |
| --- | --- | --- | --- | --- |
| | | | 平均膜厚 | 局部膜厚 |
| 阳极氧化 | | 不低于 AA15 | $t \geq 15$ | $t \geq 12$ |
| 电泳涂漆 | 阳极氧化膜 | A(有光或亚光透明漆) | — | $t \geq 9$ |
| | 漆膜 | | — | $t \geq 12$ |
| | 复合膜 | | — | $t \geq 21$ |
| | 阳极氧化膜 | B(有光或亚光透明漆) | — | $t \geq 9$ |
| | 漆膜 | | — | $t \geq 7$ |
| | 复合膜 | | — | $t \geq 16$ |
| | 阳极氧化膜 | S(有光或亚光有色漆) | — | $t \geq 6$ |
| | 漆膜 | | — | $t \geq 15$ |
| | 复合膜 | | — | $t \geq 21$ |
| 粉末喷涂 | | — | — | $t \geq 40$ |
| 氟碳喷涂 | | 二涂 | $t \geq 30$ | $t \geq 25$ |
| | | 三涂 | $t \geq 40$ | $t \geq 34$ |
| | | 四涂 | $t \geq 65$ | $t \geq 55$ |

注：本表根据现行国家标准《铝合金建筑型材》GB 5237 系列规范整理。

37

（3）铝合金隔热型材质量应符合现行国家标准《铝合金建筑型材 第6部分：隔热型材》GB 5237.6的规定外，尚应符合现行行业标准《建筑用隔热铝合金型材》JG 175的规定。

用穿条工艺生产的隔热铝合金型材，其隔热材料应符合国家现行标准《铝合金建筑型材用辅助材料 第1部分：聚酰胺隔热条》GB/T 23615.1和《建筑用硬质塑料隔热条》JG/T 174的规定。

用浇注工艺生产的隔热铝合金型材，其隔热材料应符合现行国家标准《铝合金建筑型材用辅助材料 第2部分：聚氨酯隔热胶材料》GB/T 23615.2的规定。

（4）与幕墙配套用铝合金门窗应符合现行国家标准《铝合金门窗》GB/T 8478的规定。

（5）百叶窗用铝合金带材应符合现行行业标准《百叶窗用铝合金带材》YS/T 621的规定。

（6）铝合金材料的表面不应有皱纹、起皮、腐蚀斑点、气泡、电灼伤、流痕、发黏以及膜（涂）层脱落等缺陷存在；铝合金材料端边或断口处不应有缩尾、分层、夹渣等缺陷。

（7）铝合金材料进场检验时，应符合下列规定：

1）应按国家现行有关标准的规定，对下列情况进行材料抽样复验：

①建筑结构安全等级为一级，铝合金主体结构中主要受力构件所采用的铝合金材料；

②设计有复验要求的铝合金材料；

③对质量有疑义的铝合金材料。

2）铝合金材料应按批次进行检验，每批由同一生产单位、同一牌号、同一质量等级和同一交货状态的铝合金材料组成。

3）铝合金材料的力学性能和化学成分分析复验，试样、取样及试验方法，应符合现行国家标准《铝及铝合金化学分析方法》GB/T 20975（所有部分）、《铝及铝合金加工产品包装、标志、运输、贮存》GB/T 3199及现行国家标准《铝合金建筑型材》GB 5237（所有部分）、《一般工业用铝及铝合金挤压型材》GB/T 6892、《变形铝及铝合金牌号表示方法》GB/T 16474 和《变形铝及铝合金状态代号》GB/T 16475 的规定。

（8）铝合金材料的管理，应符合下列规定：

1）铝合金材料应分批并按规格型号分开，成垛堆放，妥善存储，底层要放置垫木、垫块；如果露天堆放，应把包装物拆除。

2）堆放的铝合金材料要有标签或颜色标记。

## 2.2 铝合金门窗加工制作

### 2.2.1 一般规定

（1）铝合金门窗构件加工应依据设计加工图纸进行。

（2）铝合金型材牌号、截面尺寸、五金件、插接件应符合门窗设计要求。

（3）门窗开启扇玻璃装配宜在工厂内完成，固定部位玻璃可在现场装配。

（4）加工铝合金门窗构件的设备、专用模具和器具应满足产品加工精度要求，检验工具、量具应定期进行计量检测和校正。

### 2.2.2 铝合金门窗构件加工

**1. 加工精度及尺寸偏差要求**

（1）铝合金门窗构件加工精度除符合图纸设计要求外，尚应符合下列规定：

1）杆件直角截料时长度尺寸允许偏差应为±0.5mm，杆件斜角截料时端头角度允许偏差应小于−15′。

2）截料端头不应有加工变形，毛刺应小于 0.2mm。

3）构件上孔位加工应采用钻模、多轴钻床或画线样板等进行，孔中心允许偏差应为±0.5mm，孔距允许偏差应为±0.5mm，累积偏差应为±1.0mm。

(2) 铝合金门窗构件的槽口（图 2-2）、豁口（图 2-3）、榫头（图 2-4）加工尺寸允许偏差应符合表 2-6 的规定。

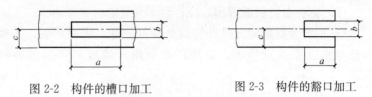

图 2-2　构件的槽口加工　　　　图 2-3　构件的豁口加工

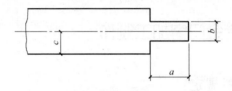

图 2-4　构件的榫头加工

构件槽口、豁口、榫头尺寸允许偏差（mm）　　　表 2-6

| 项目 | $a$ | $b$ | $c$ |
|---|---|---|---|
| 槽口、豁口允许偏差 | +0.5，0.0 | +0.5，0.0 | ±0.5 |
| 榫头允许偏差 | 0.0，−0.5 | 0.0，−0.5 | ±0.5 |

## 2. 下料切割

(1) 按照工艺加工图所注尺寸进行划线、按线切割，划线切割应结合所用铝合金型材的长度，长短搭配、合理用料，减少短头废料。

(2) 在下料前，应充分做好准备工作，首先检查设备的运转和润滑，调整好下料尺寸限位，同时，对下料前的型材进行检查，对较严重缺陷的型材，设法套料或退回，准备工作做妥后再进行下料。

(3) 利用铝型材的长度，结合下料加工尺寸，合理套用型材下料。

(4) 下料时，应严格按设备操作规程进行，并做好首检、中检、尾检的三检工作。

（5）根据型材的断面大小来调整锯床的进刀速度，否则机器会损坏，锯片会爆裂，工件会变形。

（6）切割时要注意同一批料一次下齐，并要求表面氧化膜的颜色一致，以免影响美观。

（7）一般推拉门、窗断料，宜采用直角切割，平开门、窗断料宜采用45°切割。

（8）型材切断面不能变形，不得有残缺、毛刺。装饰面不得有明显的、超规范要求的缺陷。

（9）下料后的产品构件应按每工程、规格、数量进行堆放，并分层用软质材料垫衬，避免型材表面受损。

**3. 平开铝门窗（组角）**

（1）复检构件加工是否合格，安装零件内衬板是否装好，确认组角后无问题存在，方可组角装配。

（2）装配组角时，应把扇（构件）平放在组角机托架上，按工艺技术标准和产品生产设计图样、规格尺寸配置的构件进行四角连接。

（3）组角后的连接处应平整、无扭拧，对存在的缺陷必须进行校正处理。

（4）组角成形后，应根据规格进行分类堆放，并用软质材料垫衬，防止型材表面擦伤。

**4. 推拉铝门窗框、扇（组装）**

（1）在装配时应把待装配的构件平放在装配台上，按工艺技术标准和产品生产设计图、规格尺寸配置的构件进行四角连接，成形装配。

（2）框组装：应粘贴四角防水胶条，上框放入防盗定位块，组成框旋紧固定螺钉。

（3）扇组装：

1）各构件穿密封条，密封条加长2‰穿入，在上部点入硅胶粘结。

2）玻璃上包 U 形密封条，上下框先装下部装入玻璃垫块，装竖料时应在侧面垫入防震垫块，并用玻璃胶定位。

3）装入螺钉前装上挡风块及滑轮，旋紧螺钉检验对角线符合要求，滑轮要转动灵活，无卡滞现象。

（4）装配好的连接处，应平稳、密封，对存在的缺陷必须进行校正和处理。

（5）装配好的框或扇应平整，无扭拧，其外形尺寸偏差符合设计要求。

（6）框扇或成形装配后，应根据规定进行分类，堆放规格一致、隔层保护，堆放高度不宜过高，一般不准超过 40 只框扇。

**5. 铣切槽口、榫肩**

（1）工作前，应首先检查设备的运转和润滑，检查电、气是否正常供应，同时按机床合理选用刀具，刀具规格和辅助夹具等的调整，妥善后方能接通电源，开动机器工作，严禁戴手套上岗。

（2）型材不允许直接夹在铁质的工夹具上，应用软质或非金属块作衬垫，然后再夹紧进行铣切，铣切校样或调试应尽可能利用废、短料进行。正式铣切槽口，榫肩时，应用实样或被配合的型材进行配合校对。防止由于设备或工具松动，型材走动等原因影响铣切质量。

（3）在铣切构件过程中，首先要看懂加工样杆或样板的技术要求和数量，然后再进行铣切，有不懂或不清楚的地方，应找有关人员搞清楚以后，再进行铣切。

（4）加工断面不变形，打去残留毛刺，不能给下道工序作业带来影响。

（5）铣切槽口、榫肩时，应经常做到首检、中检、尾检，保证加工质量，其质量要求槽口长度或宽度允许偏差符合设计要求。

**6. 钻孔**

（1）操作前，应检查设备的运转、润滑和辅助设施的使用情况，特别是压力机的模具、规格和固定靠山的紧固情况，一切调整妥当后，方可进行工作。

（2）钻孔时，应加注润滑油，根据技术要求和数量进行调试，合理选用好转速，检查机床运转情况和加工质量情况后，再开始工作。

（3）钻孔时，应磨好无钻的刀刃，掌握好钻孔的切屑速度，不宜用力过猛，将要钻通时，必须减轻压力，严禁戴手套操作。

（4）门窗框上的排水孔、泻水口必须由工厂用专用模具统一冲压成孔，严禁现场开孔，排水孔应设防水孔罩。

（5）排水孔设置：窗框上框料一般要有滴水线条，下槛设置排水孔，排水孔的大小和数量应根据窗的大小确定，并应符合设计要求和满足排水要求。一般在 1.5m 范围内设置两个，排水孔的开口尺寸一般为 20mm×8mm。

（6）钻孔后的铝型材，孔面孔底应无严重毛刺，装饰表面不应超过型材表面允许缺陷，同时要清除加工后的铝屑，并分层堆放，以免损坏表面质量和外观。

### 7. 密闭条配装

（1）密封条（橡胶条、尼龙毛刷条）配装好的构件，应平直、均匀，两端略放些余量，供框扇成型装配时，有良好的吻接，不允许两端过长或过短以及未装配平直起皱现象的存在。

（2）整段密封胶条、毛条不宜断开，转角、需加长的连接处应用密封胶等粘结剂粘接牢固。

（3）密封条配装后的构件，仍应按规格分类、分层堆放，严禁乱甩乱堆。

### 8. 修挫加工毛刺

（1）将前道工序（冲、钻、铣、切等加工方法）加工后的构件平整的放在衬有木条、橡胶条或软质材料垫衬好的铁凳上或专用架上，用不同规格刮刀轻轻刮去加工面的毛刺或用锉刀进行修挫。

（2）修锉毛刺时，要轻手轻脚，不宜用力过大，锉刀在切面地方向上轻轻略带一点角度进行挫毛刺，要注意锉刀勿与其他面上铝型材接触，以免破坏涂层涂膜。

（3）修锉后的型材应无毛刺，手摸无凹凸毛刺感，并且要清除前道工序未清除干净残留下来的铝屑，按规格尺寸分层堆放整齐。

**9. 垫衬块配装**

（1）构件空腹内垫衬块在配装前，必须根据加工图的开启形式，零配件安装要求和做样的样杆，样杆位置要求进行配装。

（2）垫衬块配装时，把型材平放在衬有毛毡、橡胶等软性材料的架子上，一人扶拿材料，一人将垫衬块用专用杆棒轻轻敲入进去，直至到达正确位置，敲时不要用力过猛。

（3）配装后，应按规定的工艺要求（螺钉固定定位或冲击接触固定定位等方法）进行定位，不得有松动移位现象，完毕后，用钻孔的工模进行套眼钻孔或按样杆逐支划线，按要求进行钻孔。

**10. 配件装配**

（1）按产品型号、开启形式、配置的配件进行装配，如配置的铰链、滑轮、门锁、拉手等配件必须按加工图要求，位置正确、齐合、牢固，应起各自作用。启闭灵活，无噪声。

（2）在配件装配时，存在的配合公差，必须进行修锉、配装，要装配牢固、结实、外观美观，符合使用要求。

（3）铝门板是按生产加工图的规格配置的，表面的阳极氧化处理符合要求，在配装时，应进行配色选用，尽可能与型材色差保持一致、均匀，不允许有影响外观质量的缺陷。

（4）装配后不应影响成品的组装和成品的外观质量，使用要求。

**11. 五金件安装**

（1）五金件的安装位置应准确，数量应齐全，安装应牢固。

（2）五金件应满足门窗的机械力学性能要求和使用功能，具有足够的强度，易损件应便于更换。

（3）五金件的安装应采取可靠的密封措施，可采用柔性防水垫片或打胶进行密封。

（4）单执手一般安装在扇中部，当采用两个或两个以上锁点时，锁点分布应合理。常见的执手，如图2-5所示。

图2-5　常见的执手实物图

（5）铰链（也称合页）在结构和材质上，应能承受最大扇重和相应的风荷载，安装位置距扇两端宜为200mm，框、扇安装后铰链部位的配合间隙不应大于该处密封胶条的厚度。常见的铰链，如图2-6所示。

（6）在五金件的安装时，应考虑门窗框、扇四周搭接宽度均匀一致。

（7）五金件不宜采用自攻螺钉或铝拉铆钉固定。

**12. 成品组装**

（1）成品组装时，必须按照生产加工图中的开启形式，数量和要求进行框扇配合组装。

（2）成品组装时，把框平放在装配台上，正确地配置窗扇，成品组装后，应检查一下有无漏装或错装现象，开启是否灵活，零件安装位置是否正确。

（3）框与扇平齐，无明显歪斜。配合严密，间隙均匀。

图 2-6 常见的铰链实物图较量

(4)框组装后要求所有缝隙（接榫部、"┐"字铆接部、"＋"字铆接部、"T"字铆接部、钻孔部）涂制密封胶，整洁、严密。接头处无透光，严密。

(5)推拉窗上框、中横框、下框与边框对接部应安装防水垫片。

(6)框、扇组装表面应没有铝屑、毛刺、油斑或其他污物。

(7)先涂制密封胶，再进行组角，剩余表面擦净，无残留。

(8)嵌塞胶条，搭接缝应设在转角处，四角用密封胶粘牢。扇的上框、左、右框嵌装胶条，下框不嵌装胶条。（本条只限于平开窗系列）。

(9)所有胶条接缝部位用刀片切成 45°斜面对接，尽量放松以免收缩和膨胀时脱落避免胶条不到位，各转角要做烫接处理接为直角，无多余突出部分，严禁压烫，以防凹现象渗漏水。

(10)穿胶条程序：先缓慢拉到位露出稍长胶条，再用木棒轻压回赶至自然状态，无松紧纤拉现象。

（11）打胶要求平整、光滑、顺直、无拖涉搭接痕，注胶坡度 30°～60°。

（12）在较大的工程成品组装的生产过程中，应进行实样试制，检验工艺制作、五金、配件安装有无问题，质量是否符合要求。按工程要求框、扇分类安装，其产品经技术部门认定的散装件成品，供货时必须进行实样试装配 1～2 樘，检验是否符合成品质量要求。五金配件是否符合使用要求，达到要求后方可认定出厂。

### 2.2.3 玻璃组装

#### 1. 玻璃裁划、入位装配

（1）玻璃裁划：应根据窗、门扇（固定扇则为框）的尺寸来计算玻璃下料尺寸裁划玻璃。一般要求玻璃侧面及上、下都应与铝材面留出一定的尺寸间隙，以确保玻璃胀缩变形的需要。

（2）玻璃入位：当单块玻璃尺寸较小时，可直接用双手夹住入位；如果单块玻璃尺寸较大时，就需用玻璃吸盘便于玻璃入位安装。

（3）安装镀膜玻璃时，镀膜面应朝向室内侧；安装中空镀膜玻璃时，镀膜玻璃应安装在室外侧，镀膜面应朝向室内侧，中空玻璃内应保持清洁、干燥、密封。

（4）单片玻璃、夹层玻璃和真空玻璃的最小装配尺寸应符合表 2-7 的规定。中空玻璃的最小安装尺寸应符合表 2-8 的规定（图 2-7）。

单片玻璃、夹层玻璃和真空玻璃的最小装配尺寸（mm）

表 2-7

| 玻璃公称厚度 | 前部余隙和后部余隙 a | | 嵌入深度 b | 边缘间隙 c |
| --- | --- | --- | --- | --- |
| | 密封胶 | 胶条 | | |
| 3～6 | 3.0 | 3.0 | 8.0 | 4.0 |
| 8～10 | 5.0 | 3.5 | 10.0 | 5.0 |
| 12～19 | | 4.0 | 12.0 | 8.0 |

**中空玻璃的最小安装尺寸（mm）** 表 2-8

| 玻璃公称厚度 | 前部余隙和后部余隙 $a$ | | 嵌入深度 $b$ | 边缘间隙 $c$ |
|---|---|---|---|---|
| | 密封胶 | 胶条 | | |
| 4+A+4 | | | | |
| 5+A+5 | 5.0 | 3.5 | 15.0 | 5.0 |
| 6+A+6 | | | | |
| 8+A+8 | | | | |
| 10+A+10 | 7.0 | 5.0 | 17.0 | 7.0 |
| 12+A+12 | | | | |

注：A 为气体层的厚度，其数值可取 6mm、9mm、12mm、15mm、16mm。

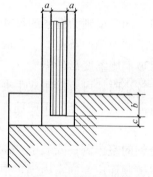

图 2-7　玻璃安装尺寸

（5）凹槽宽度应等于前部余隙、玻璃公称厚度和后部余隙之和。

（6）凹槽的深度应等于边缘间隙和嵌入深度之和。

**2. 支承块、定位块尺寸及位置**

（1）支承块的尺寸应符合下列规定：

1）每块最小长度不得小于 50mm。

2）宽度应等于玻璃的公称厚度加上前部余隙和后部余隙。

3）厚度应等于边缘间隙。

（2）定位块的尺寸应符合下列规定：

1）长度不应小于 25mm。

2）宽度应等于玻璃的厚度加上前部余隙和后部余隙。

3）厚度应等于边缘间隙。

（3）支承块与定位块的位置应符合下列规定（图 2-8）：

1）采用固定安装方式时，支承块和定位块的安装位置应距离槽角为（1/10）～（1/4）边长位置之间。

2）采用可开启安装方式时，支承块和定位块的安装位置距槽角不应小于 30mm。当安装在窗框架上的铰链位于槽角部 30mm 和距槽角 1/4 边长点之间时，支承块和定位块的安装位置应与铰链安装的位置一致。

3）支承块、定位块不得堵塞泄水孔。

**3. 弹性止动片尺寸及位置**

（1）弹性止动片的尺寸应符合下列规定：

1）长度不应小于 25mm。

2）高度应比凹槽深度小 3mm。

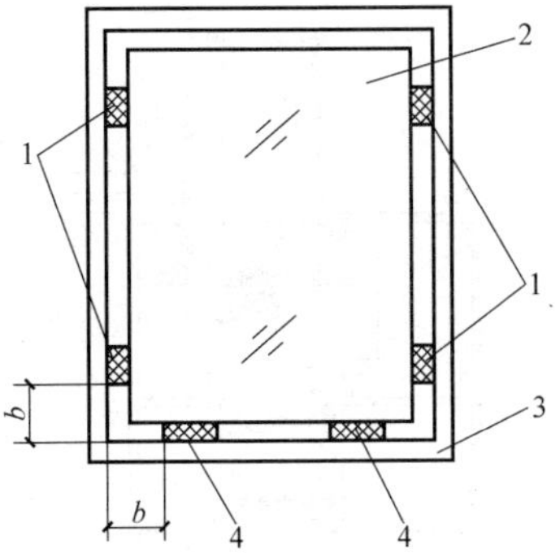

图 2-8　支承块和定位块安装位置
1—定位块；2—玻璃；3—框架；
4—支承块
b—支承块和定位块与槽角之间的距离

3）厚度应等于前部余隙或后部余隙。

（2）弹性止动片位置应符合下列规定：

1）弹性止动片应安装在玻璃相对的两侧，弹性止动片之间的间距不应大于 300mm。

2）弹性止动片安装的位置不应与支承块和定位块的位置相同。

**4. 玻璃密封**

（1）密封胶的应用应符合下列规定：

1）对于多孔表面的框材，框材表面应涂底漆。当密封胶用于塑料门窗安装时，应确定其适用性和相容性。

2）用密封胶安装时，应使用支承块、定位块、弹性止动片。

3）密封胶上表面不应低于槽口，并应做成斜面；下表面应低于槽口 3mm。

（2）玻璃采用密封胶密封时，注胶厚度不应小于 3mm，粘接面应无灰尘、无油污、干燥，注胶应密实、不间断、表面光滑整洁。

设计无明确规定时，一般要求胶缝直角边为不小于 6mm，斜边尺寸 8~10mm，如图 2-9 所示。

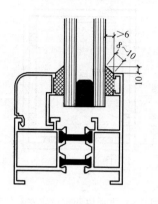

图 2-9 玻璃打胶

（3）胶条材料的应用应符合下列规定：

1）对于多孔表面的框材，框材表面应涂底漆。胶条材料用于塑料门窗时，应确定其适用性和相容性。

2）胶条材料用于玻璃两侧与槽口内壁之间时，应使用支承块和定位块。

（4）玻璃采用密封胶条密封时，密封胶条宜使用连续条，接口不应设置在转角处，装配后的胶条应整齐均匀，无凸起。胶条在转角处及接缝处应保持密封连续可靠。

（5）玻璃压条应扣紧、平整不得翘曲，必要时可配装加工。

（6）门窗开启部分扇、框密封胶条与密封毛条的安装应符合下列规定：

1）密封胶条与密封毛条的断面形状及规格尺寸应与型材断面相匹配。

2）密封胶条与密封毛条镶嵌后应平整、严密、牢固，不得有脱槽现象。

3）密封胶条与密封毛条单边宜整根嵌装，不应拼接，接口设置应避开雨水直接冲刷处。

4）密封胶条角部接口处应进行粘结处理。

## 2.2.4 铝合金门窗组装

（1）铝合金门窗组装尺寸允许偏差应符合表 2-9 的规定。

（2）铝合金构件间连接应牢固，紧固件不应直接固定在隔热材料上。当承重（承载）五金件与门窗连接采用机制螺钉时，啮合宽度应大于所用螺钉的两个螺距。不宜用自攻螺钉或铝抽芯铆钉固定。

**门窗及装配尺寸偏差（mm）**    表 2-9

| 项目 | 尺寸范围 | 允许偏差 | |
|---|---|---|---|
| | | 门 | 窗 |
| 门窗宽度、高度构造内侧尺寸 | L＜2000 | ±1.5 | |
| | 2000≤L＜3500 | ±2.0 | |
| | L≥3500 | ±2.5 | |
| 门窗宽度、高度构造内侧尺寸对边尺寸之差 | L＜2000 | +2.0<br>0.0 | |
| | 2000≤L＜3500 | +3.0<br>0.0 | |
| | L≥3500 | +4.0<br>0.0 | |
| 门窗框与扇搭接宽度 | — | ±2.0 | ±1.0 |
| 框、扇杆件接缝高低差 | 相同截面型材 | ≤0.3 | |
| | 不同截面型材 | ≤0.5 | |
| 框、扇杆件装配间隙 | — | +0.3,0.0 | |

（3）构件间的接缝应做密封处理。

（4）开启五金件位置安装应准确，牢固可靠，装配后应动作灵活。多锁点五金件的各锁闭点动作应协调一致。在锁闭状态下五金件锁点和锁座中心位置偏差不应大于 3mm。

（5）铝合金门窗框、扇搭接宽度应均匀，密封条、毛条压合均匀；扇装配后启闭灵活，无卡滞、噪声，启闭力应小于 50N（无启闭装置）。

（6）平开窗开启限位装置安装应正确，开启量应符合设计要求。

（7）窗纱位置安装应正确，不应阻碍门窗的正常开启。

# 2.3 铝合金门窗安装

## 2.3.1 一般规定

（1）铝合金门窗安装的位置，开启方向，必须符合设计

51

要求。

（2）铝合金门窗安装宜采用干法施工方式。金属附框安装应在洞口及墙体抹灰湿作业前完成，铝合金门窗安装应在洞口及墙体抹灰湿作业后进行。

（3）铝合金门窗湿法安装（无金属附框）应在洞口及墙体抹灰湿作业前完成。

（4）门、窗框安装的时间，应选择主体结构基本结束后进行。扇安装的时间，宜选择在室内外装修基本结束后进行，以免土建施工时将其损坏。

（5）铝合金门窗的安装施工宜在室内侧或洞口内进行。

（6）安装铝合金门窗时环境温度不应低于 5℃，当环境温度小于 0℃时，安装前应在室温下放置 24h。

（7）当铝合金门窗采用预埋木砖法与墙体连接时，其木砖应进行防腐处理。

（8）装运铝合金门窗的运输工具应具有防雨措施并保持清洁。运输时应竖直立放并与车体用绳索攀牢，防止因车辆颠振而损坏。樘与樘之间应用非金属软质材料隔开；五金配件应相互错开，以避免相互磨损和碰撞窗扇。确保玻璃无损伤。

（9）装卸铝合金门窗时，应轻拿慢放，不得撬、甩、摔。吊运点应选择窗框外沿，其表面应用非金属软质材料隔开，不得在框扇内插入抬杠起吊。

（10）安装铝合金门窗的构件和附件的材料品种、规格、色泽和性能应符合设计要求。门窗安装前，应按设计图纸的要求检查门窗的数量、品种、规格、开启方向、外形等。门窗的五金件、密封条、紧固件应齐全。如发现型材有变形、表面磨损等情况，不得安装上墙；五金配件有松动现象者，应进行修理调整。

（11）大型窗、带型窗的拼接料，需增设角钢或槽钢加固时，则其上、下端要与洞口墙上的预埋镶板直接可靠焊接，预埋件均匀设置可按每 1m 间距进行。

（12）需要焊接工作时严禁在铝合金门、窗上连接地线进行。

当洞口预埋件与固定铁码焊接时，门、窗框上要盖上防止焊接时烧伤门窗的橡胶石棉布。

（13）搭设和捆绑脚手架时严禁利用安装完毕的铝合金门、窗框，避免其受力损坏门、窗框。

（14）在全部竣工后，需剥去铝合金窗、门上的保护膜，如有脏物、油污，可用醋酸乙酯擦洗（操作时应特别注意防火，因醋酸乙酯为易燃品）。

## 2.3.2 门洞口复核

（1）铝合金门窗不得采用边安装边砌墙或先安装后砌墙的施工方法。安装前洞口需进行一道水泥砂浆的粉刷，使洞口表面光洁、尺寸规整。外窗窗台板基体上表面应浇成 3%～5% 的向外泛水，其伸入墙体内的部分应略高于外露板面。

（2）门窗洞口尺寸应符合现行国家标准《建筑门窗洞口尺寸系列》GB/T 5824 的规定。门窗框与洞口宽度和高度的间隙，应视不同的饰面材料而定，一般可参考表 2-10。

门窗框与洞口宽度和高度的间隙　　　　表 2-10

| 墙体饰面材料 | 门窗框与洞口宽度和高度的间隙（mm） | 墙体饰面材料 | 门窗框与洞口宽度和高度的间隙（mm） |
|---|---|---|---|
| 一般粉刷 | 20～25 | 泰山面砖贴面 | 40～45 |
| 马赛克贴面 | 25～30 | 花岗石板材贴面 | 45～50 |
| 普通面砖贴面 | 35～40 | | |

注：1. 门下部与洞口间隙还应根据楼地面材料及门下槛形式的不同进行调整，确保有槛平开门下槛边与高的一侧地面平齐，并要特别注意室内地面的装修标高。

　　2. 有槛平开门框高比洞口高减小 10～20mm，无槛平开门框高比洞口高增加 30mm。

（3）安装铝合金门、窗框前，应逐个核对门、窗洞口的尺寸，与铝合金门、窗框的规格是否相适应。洞口宽、高尺寸允许偏差应为±10mm，对角线尺寸允许偏差应为±10mm。

（4）按室内地面弹出的 50mm 标准型和垂直线，标出门、窗框安装的基准线，作为安装时的标准。对于同一类型的铝合金门窗，其相邻的上、下、左、右洞口应保持通线，洞口应横平竖直；对于高级装饰工程及放置过梁的洞口，应做洞口样板。如在弹线时发现预留洞口的尺寸有较大的偏差，应对超差洞口进行剔凿或修补。

（5）洞口宽度与高度的允许尺寸偏差，设计无规定时可参考表 2-11 的规定。

洞口宽度与高度的允许尺寸偏差（mm）　表 2-11

| 洞口宽度高度 | ＜2400 | 2400～4800 | ＞4800 |
|---|---|---|---|
| 未粉刷墙面 | 10 | 15 | 20 |
| 已粉刷墙面 | 5 | 10 | 15 |

（6）对于铝合金门，需要特别注意室内装修的完成标高。地弹簧的表面应与室内装饰面标高一致，特殊要求的另行设计对待。

（7）铝合金组合窗的洞口，应在拼樘料的对应位置设预埋件或预留孔洞。当洞口需要设置预埋件时，应检查预埋件的数量、规格及位置。预埋件的数量应和固定片的数量一致，其三维位置应正确。预埋件平行于拼樘料轴线方向的位置偏差不大于10mm，其他方向的位置偏差不大于 20mm。

门窗洞口墙体厚度方向的预埋铁件中心线距内墙面的距离由设计要求决定，在设计中无规定时，38～60 系列的铝合金门窗该距离为 100mm，90～100 系列的铝合金门窗的距离为 150mm，如图 2-10 所示。

（8）铝合金门窗安装应在洞口尺寸符合规定且验收合格，并办好工种间交接手续后，方可进行。

## 2.3.3　弹线定位

在最高层找出洞口边线，用经纬仪或线坠将边线下引做好标记，对特别不直，位移洞口应提早处置，但不得影响结构，弹好

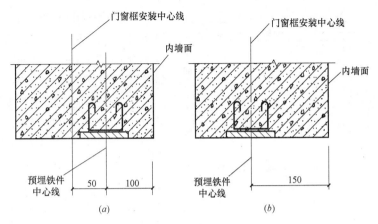

图 2-10 铝合金门窗洞口预埋铁件安装中心线

（a）38～60 系列铝合金门窗安装中心线；

（b）90～100 系列铝合金门窗安装中心线

室内＋500mm 水平线，按线上量出窗下皮标高，弹线找直，每一层窗下皮应在同一水平线上。

墙厚方向的位置确定：根据外墙大样图及窗台板宽度，确定铝合金门窗在墙厚方向的安装位置，如外墙厚度有偏差时。原则上应以同一房间窗台板外露尺寸一致为准，窗台板以伸入窗框下 5mm 为宜。

## 2.3.4 金属附框（干法安装）

干法安装：墙体门窗洞口预先安置附加金属外框并对墙体缝隙进行填充、防水密封处理，在墙体洞口表面装饰湿作业完成后，将门窗固定在金属附框上的安装方法。

（1）铝合金门窗框干法安装时，预埋副框和后置铝框在洞口墙基体上的预埋、安装应连接牢固，防水密封措施可靠。后置铝框在洞口墙基体上的安装施工，应按 2.3.5 中相关内容执行。

（2）金属附框宽度应大于 30mm。

（3）金属附框的内、外两侧宜采用固定片与洞口墙体连接固

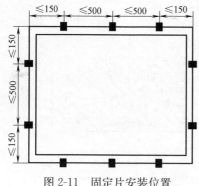

图 2-11 固定片安装位置

定；固定片宜用 Q235 钢材，厚度不应小于 1.5mm，宽度不应小于 20mm，表面应做防腐处理。

（4）金属附框固定片安装位置应满足：角部的距离不应大于 150mm，其余部位的固定片中心距不应大于 500mm（图2-11）；固定片与墙体固定点的中心位置至墙体边缘距离不应小于 50mm（图 2-12）。

（5）相邻洞口金属附框平面内位置偏差应小于 10mm。金属附框内缘应与抹灰后的洞口装饰面齐平，金属附框宽度和高度允许尺寸偏差及对角线允许尺寸偏差应符合表 2-12 规定。

金属附框尺寸允许偏差 （mm）　　　表 2-12

| 项目 | 允许偏差 | 检测方法 |
|---|---|---|
| 金属附框高、宽偏差 | ±3 | 钢卷尺 |
| 对角线偏差 | ±4 | 钢卷尺 |

（6）铝合金门窗框与金属附框连接固定应牢固可靠。连接固定点设置应符合要求。

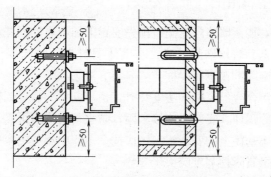

图 2-12　固定片与墙体位置

（7）金属附框安装完毕后，验收合格后打发泡剂或其他填塞缝工作，在未全面打发泡剂之前先试打一块，计算一下发泡剂的体积膨胀系数（一般为1：60），发泡剂应打饱满。要注意检查铝合金表面是否有保护薄膜，避免型材

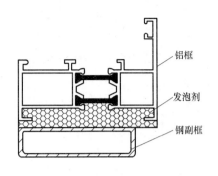

图2-13 打发泡剂

污染（打发泡剂应由外往里打），如图2-13所示。

## 2.3.5 门窗框安装（湿法安装）

湿法安装：将铝合金门窗直接安装在未经表面装饰的墙体门窗洞口上，在墙体表面湿作业装饰时对门窗洞口间隙进行填充和防水密封处理。

### 1. 安装要求

（1）铝合金门窗安装前要采取保护措施，中竖框、中横框要用塑料带等捆缠严密或用胶带粘贴，边框、上下框要用胶带粘贴三面进行保护（边框、上下框严禁用塑料带等捆缠）。门窗框四周侧面应按设计要求进行防腐处理。

（2）当塞缝材料有腐蚀性时，需检查门窗框防腐处理是否已全面到位：阳极氧化、着色表面处理的铝型材，必须涂刷环保的、与外框和墙体砂浆粘结效果好的防腐蚀保护层；采用电泳涂漆、粉末喷涂和氟碳漆喷涂表面处理的铝型材，不需涂刷防腐蚀涂料。

（3）铝合金门窗框采用固定片连接洞口时，参见2.3.4中相关内容。

（4）铝合金门窗框与墙体连接固定点的设置，参见2.3.4中相关内容。

（5）固定片与铝合金门窗框连接宜采用卡槽连接方式，如图2-14所示。与无槽口铝门窗框连接时，可采用自攻螺钉或抽芯铆钉，钉头处应密封，如图2-15所示。

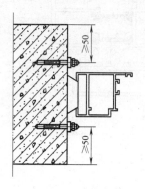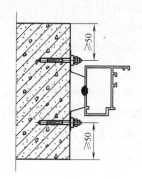

图 2-14　卡槽连接方式　　　　　图 2-15　自攻钉连接方式

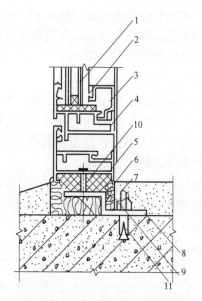

图 2-16　铝合金门窗安装节点

1—玻璃；2—橡胶条；3—压条；4—内扇；5—外框；6—密封膏；
7—砂浆；8—地脚；9—软填料；10—塑料；11—膨胀螺栓

（6）铝合金门窗安装固定时，其临时固定物不得导致门窗变形或损坏，不得使用坚硬物体。安装完成后，应及时移除临时固定物体。

（7）铝合金门窗框与洞口缝隙，应采用保温、防潮且无腐蚀性的软质材料填塞密实；亦可使用防水砂浆填塞，但不宜使用海砂成分的砂浆。使用聚氨酯泡沫填缝胶，施工前应清除粘接面的灰尘，墙体粘接面应进行淋水处理，固化后的聚氨酯泡沫胶缝表面应作密封处理。图 2-16 为铝合金门窗安装节点示意图。

（8）与水泥砂浆接触的铝合金框应进行防腐处理。湿法抹灰施工前，应对外露铝型材表面进行可靠保护。

**2. 门窗框就位及调整**

（1）按照弹线位置，将门窗框临时用木楔固定。

（2）使门窗框与墙体结构间隙符合表 2-10 的规定。

（3）木楔必须安置在窗框四角和窗梃能受力处，以免窗梃受力而弯曲变形。

（4）门窗的上下框四角及横框的对称位置应用木块塞紧作临时固定。当下框长度大于 0.9m 时，其中央也应用木楔塞紧。

窗框安装在洞口后，上下、左右调节采用木楔子进行四周调

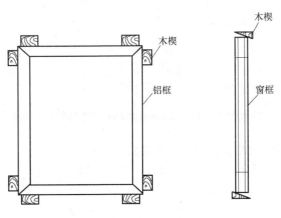

图 2-17　木楔调整

整，木楔子调整应打在竖料或横料的顶端，当前后、左右、上下调整完毕后，再进行固定，如图 2-17 所示。

　　然后应按设计图纸确定窗框在洞口墙体厚度方向的安装位置，并用水平尺、吊线锤调整窗框的垂直度、水平度及直角度，如图 2-18 所示。

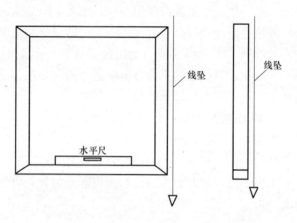

图 2-18　窗框安装检查

　　（5）安装门框时应注意室内地面的标高，如果内铺地毯、拼木地板等时应预留相应的间隙。地弹簧表面应与室内地面标高一致。无下框平开门应使两边框的下脚低于地面标高线，其高度差宜为 30mm，带下框平开门或推拉门应使下框上边与高的一侧地面平齐。安装时应先将上框固定片固定在墙体上，再调整门框的水平度、垂直度和直角度，并用木楔临时定位。

　　（6）完成上述工序后，应再复核一次垂直度、水平度及直角度。

**3. 门窗框与洞口墙体的连接固定**

　　（1）连接件与墙体、连接件与门窗框的连接方式，见表2-13选择。

　　（2）铝合金门窗框与洞口墙体的连接固定应符合下列要求：

　　1）连接件应采用 Q235 钢材，其表面应进行热镀锌处理，

| 连接件与墙体的连接方式 | | | 表 2-13 |
|---|---|---|---|
| 连接件与墙体的连接方式 | 适用的墙体结构 | 连接件与墙体的连接方式 | 适用的墙体结构 |
| 焊接连接 | 钢结构 | 金属膨胀螺栓连接 | 钢筋混凝土结构、砖墙结构 |
| 预埋件连接 | 钢筋混凝土结构 | 射钉连接 | 钢筋混凝土结构 |

镀锌层厚度＞45μm。连接件厚度不小于 1.5mm，宽度不小于 20mm，在外框型材室内外两侧双向固定。固定点的数量与位置应根据铝门窗的尺寸、荷载、重量的大小和不同开启形式、着力点等情况合理布置。连接件距门窗边框四角的距离不大于 180mm，其余固定点的间距不大于 500mm，如图 2-19 所示。

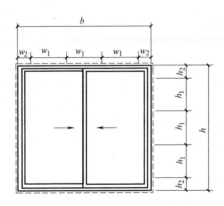

图 2-19　铝合金门窗连接件示意图

$w_1 \leqslant 500$mm；$w_2 \leqslant 180$mm；$h_1 \leqslant 500$mm；$h_2 \leqslant 180$mm

注：对于铝合金平开门铰链部位的连接件需适当增加，以提高门外框铰链部位连接受力的强度，防止外框受力拉脱、起鼓现象发生。

2) 门窗框与连接件的连接宜采用卡槽连接。若采用紧固件穿透门窗框型材固定连接件时，紧固件宜置于门窗框型材的室内外中心线上，且必须在固定点处采取密封防水措施。

3) 连接件与洞口混凝土墙基体可采用特种钢钉（水泥钉）、

射钉、塑料胀锚螺栓、金属胀锚螺栓等紧固件连接固定。

4）对于砌体墙基体，可在洞口两侧在锚固点处预埋强度等级在 C20 以上的实心混凝土预制块，或在门窗洞口两侧至少 1 砖范围应用混凝土砖与硅酸盐加气块咬砌，然后用塑料膨胀螺丝将墙体连接件固定在混凝土砖墙上，方法同与墙连接。

（3）钢结构洞口或设有预埋铁件的洞口应采用焊接的方法固定，也可先在构件或预埋铁件上按紧固件规格打基孔，然后用紧固件固定。

（4）铝合金门窗框与小型砌块墙的连接，应预先在砌块中埋入铁件，用细石混凝土灌满捣实，在砌筑时将预埋件的砌块在墙体内。用电焊将预埋件与窗框锚固板连接，如图 2-20 所示。

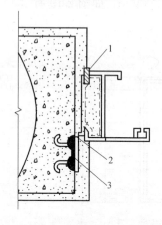

图 2-20　铝合金门窗框与混凝土小型砌块的连接
1—建筑密封胶；2—锚固板；
3—预埋铁件

（5）铝合金门窗框与混凝土墙连接，采用膨胀螺丝将墙体连接件固定在混凝土墙上，或采用预埋铁件与锚固板焊接。

（6）铝合金门窗框与砖墙连接，采用塑料膨胀螺丝将镀锌锚固板固定在砖墙上。砖墙严禁用射钉固定。

**4. 门窗框与墙体间缝隙的处理**

（1）铝合金门窗框安装固定后，应先进行隐蔽工程验收，检查合格后再进行门窗框与墙体安装缝隙的密封处理。

（2）铝合金门窗框与洞口墙体密封施工前，应先对待粘结表面进行清洁处理，门窗框型材表面的保护材料应除去，表面不应有油污、灰尘；墙体部位应洁净、平整、干燥。

（3）门窗框与墙体安装缝隙的处理，填充材料如设计有规定时，按设计规定执行。如设计未规定填缝材料时，宜采用弹性闭孔材料填充，在门窗洞口干净干燥后施打发泡剂，发泡剂应连续施打、一次成型、充填饱满，不得采用玻璃棉、毯等可能吸水的开孔材料作为填充料；对于保温、隔声等级要求较高的工程，应采用相应的隔热、隔声材料填塞；填塞后，撤掉临时固定用木楔或垫块，其空隙也应用弹性闭孔材料填塞。

对于有防水要求的外窗，可在外窗台附近一定范围内，采用防水材料加以防护，如图 2-21 所示。

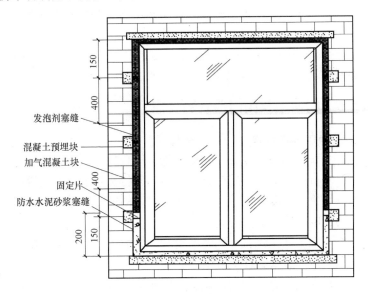

图 2-21　发泡剂填缝示意图

（4）外窗框外侧宜留 5～8mm 深的打胶槽口；当外侧抹灰时，应采用片材将抹灰层与窗框临时隔开，抹灰面应略超过窗框，其厚度应不影响扇的开启和堵塞排水孔。待外抹灰层硬化后，应撤去片材，并将密封胶挤入抹灰层与窗框缝隙内。保温、隔声等级要求较高的工程，洞口内侧与窗框之间也应采用密封胶密封。

（5）基层应干净干燥后施打密封胶，且应采用中性硅酮密封胶，严禁在涂料面层上打密封胶。

（6）打密封胶时应均匀不间断，并不可超过排水孔。

（7）胶缝采用矩形截面胶缝时，密封胶有效厚度应大于6mm；采用三角形截面胶缝时，密封胶截面宽度应大于8mm。

（8）注胶应平整密实，胶缝宽度均匀、表面光滑、整洁美观。

（9）确保窗框的稳定性，中立框与中立框之间必须要有连接方型框料，要挤满建筑密封胶，再用螺丝固定严密，螺丝钉要拧紧拧平，框与框吻合密实，否则框缝易渗水。

（10）在施工中注意不得损坏门窗上面的保护膜；应随时擦净铝型材表面沾上的水泥砂浆，以免腐蚀影响。

## 2.3.6 门窗扇及闭门器安装要点

### 1. 铝合金推拉窗、门扇的安装

（1）在室内外装修基本完成后进行铝合金窗、门扇安装。

（2）将配好的窗、门扇分内外扇，先将室内扇插入上滑道的室内侧滑槽口，自然下落于对应的下滑道的内侧滑道筋上，然后再用同样的方法安装室外扇。

（3）旋转调整螺钉，调整滑轮与下框的距离，使毛条压缩量为1～2mm，如图2-22所示。

（4）窗上所有滑轮均应调整，以使扇底部毛条压缩均匀，并使扇的立梃与框平行。

对于可调节的导向轮，应在窗、门扇安装后调整向轮，调节窗、门扇在滑道筋上的高度，并使窗、门扇与边框间调整至平行。

### 2. 铝合金平开窗、门扇安装

应先把合页按要求位置连接固定在铝合金窗、门框上，然后将窗、门扇嵌入框内临时固定，调整配合尺寸正确后，再将窗、门扇固定在合页上，必须保证上、下两个转动合页铰链体在同一

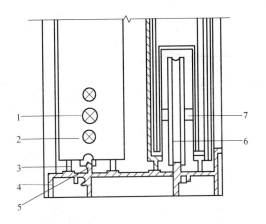

图 2-22　窗下部分纵断面

1—调整螺钉；2—窗扇；3—密封毛条；4—下框；

5—轨道；6—滑轮；7—轮轴

个轴线上，并装有防脱落装置。

**3. 固定式门窗扇安装**

固定扇应装在室外侧面，并固定牢固，确保使用安全。

**4. 铝合金地弹簧门扇安装**

应先埋设地弹簧主机在地面上，并浇筑混凝土使其固定。主机轴应与中横档上的顶轴必须在同一垂线上，主机上表面与地面装饰上表面齐平。待混凝土达到设计强度后，调节上门顶轴将门扇装上，最后调整好门扇间隙和门扇开启速度。

**5. 闭门器安装**

用于装修的自动闭门器主要有门顶闭门器和落地闭门器两大类。门顶闭门器主要起自动关闭门扇的作用，而落地闭门器与门顶轴配合则具有门铰链和自动关闭两种功能。

（1）门顶闭门器又称多功能闭门器，具有快慢不同的三种速度，能使门扇在任意角度下以不同的速度自动关闭。门顶闭门器应安装在门扇上部有铰链的一侧，闭门器壳体可调节的一端应面向可开启的一边。

门顶闭门器的构造与安装，如图 2-23 所示。

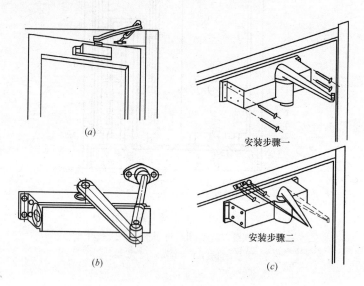

*(a)*

安装步骤一

安装步骤二

*(b)*                    *(c)*

图 2-23  门顶闭门器的构造与安装

*(a)* 门顶闭门器示意图；*(b)* 闭门器的组成；*(c)* 闭门器的安装

（2）落地闭门器又称地弹簧，因其具有铰链和自动关闭双重作用，又被称为地铰链。多用于重型门扇的开启，安装在门扇底部地坪以下，门扇无需再安装合页、定位器等。

落地闭门器的安装位置与构造，如图 2-24 所示。

## 2.3.7  铝合金组合门窗安装

（1）门窗横向或竖向组合时，宜采取套插，搭接宽度宜大于 10mm。

（2）拼樘料还应上下或左右贯通，两端应与结构层可靠连接。

（3）对于需要拼樘组合的较大面积的铝合金门窗，应按设计要求进行预拼装。先安装通长的拼樘料，后安装分段拼樘料，最

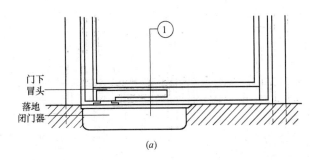

门下
冒头

落地
闭门器

(a)

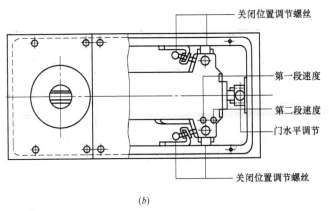

关闭位置调节螺丝

第一段速度

第二段速度

门水平调节

关闭位置调节螺丝

(b)

图 2-24　落地闭门器的安装位置与构造

(a) 落地闭门器示意图；(b) 落地闭门器的内部构造

后安装基本门窗框。门窗框横向及竖向的组合应采用杆件套插，搭接处形成曲面组合，搭接长度一般不少于 10mm，以避免因门窗冷热伸缩和建筑物变形而引起的拼接部位裂缝。同时，拼接处的缝隙应用密封胶条密封。铝合金门窗的拼樘组合示意，如图 2-25 所示。

组合门窗框拼樘料如需加强时，其加固型材应经防锈处理。连接部位应采用镀锌螺钉，如图 2-26 所示。

(4) 拼樘料与混凝土过梁或柱子连接时，应直接嵌固在门窗洞口边的预留孔内。

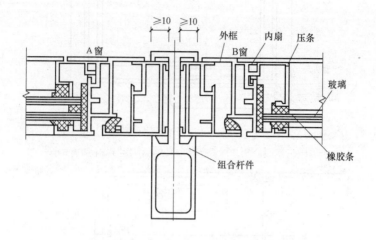

图 2-25　铝合金门窗的拼樘组合示意图

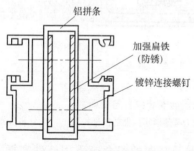

图 2-26　铝合金门窗的拼樘
材料的加强

（5）拼樘料与砖墙连接时，应先将拼樘料两端插入预留洞口，然后应用强度等级为 C20 的细石混凝土浇灌固定。

（6）在拼樘料与钢结构洞口及设有预埋铁件的洞口，拼樘料应采用焊接连接或在预埋件上按紧固件规格打基孔，然后用紧固件固定。

（7）将两门（窗）框与拼樘料卡接时，应用紧固件双向拧紧，其间距应不大于 500mm；距两端间距不大于 180mm；紧固件端头及拼樘料与门（窗）框间的缝隙应采用嵌缝胶进行密封处理。

## 2.3.8　玻璃的安装

铝合金门窗固定部位玻璃安装，参见 2.2.3 中相关内容。

## 2.3.9　开启扇及开启五金件安装

### 1. 安装要求

（1）铝合金门窗开启扇及开启五金件的装配宜在工厂内组装完成。当在施工现场安装时，参见 2.2.4 中相关内容。

（2）铝门窗开启扇、五金件安装完成后应进行全面调整检查，并应符合下列规定：

1）五金件应配置齐备、有效，且应符合设计要求。

2）开启扇应启闭灵活、无卡滞、无噪声，开启量应符合设计要求。

### 2. 开启窗安装

（1）安装开启扇应注意开启扇垫块的垫法，不同开启有不同的垫法，如图 2-27 所示。

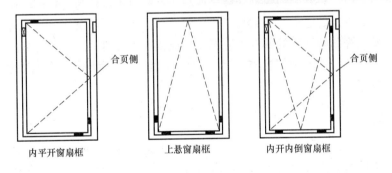

内平开窗扇框　　　　上悬窗扇框　　　　内开内倒窗扇框

图 2-27　开启扇垫块

（2）有的工厂把开启扇在工厂内安装完送到工地，有的在工地安装开启扇，为了保证定位准确，要做样板模块进行定位，再对开启扇打孔，特别是内开内倒窗安装后要对扇进行调整后方能满足使用要求。

（3）防止扇掉角，可不用橡胶垫块，而采用插角进行安装，防止扇掉角效果较好，如图 2-28 所示。

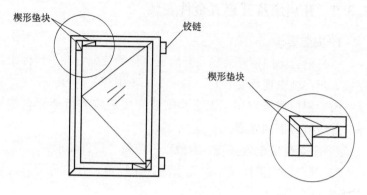

图 2-28　插角安装

## 2.3.10　门窗清理和成品保护

（1）铝合金门窗框安装完成后，其洞口不得作为物料运输及人员进出的通道，且铝合金门窗框严禁搭压、坠挂重物。对于易发生踩踏和刮碰的部位，应加设木板或围挡等有效的保护措施。

（2）铝合金门窗安装后，应清除铝型材表面和玻璃表面的残胶。

（3）所有外露铝型材应进行贴膜保护，宜采用可降解的塑料薄膜。

（4）铝合金门窗工程竣工前，应去除所有成品保护，全面清洗外露铝型材和玻璃。不得使用有腐蚀性的清洗剂，不得使用尖锐工具刨刮铝型材、玻璃表面。

# 2.4　高层金属外门窗防雷施工

## 2.4.1　一般规定

（1）根据现行国家标准《建筑物防雷设计规范》GB 50057的有关规定。30m 及以上的建筑物的金属外门窗、金属栏杆应与主体结构的防雷装置可靠连接。

（2）金属门窗的防雷构造宜采取下列措施：

1）门窗框与建筑主体结构防雷装置连接导体宜采用直径不小于 $\varphi 8$ 的圆钢或截面积不小于 $48mm^2$、厚度不小于 4mm 的扁钢。

2）门窗框与防雷连接件连接处，宜去除型材表面的非导电防护层，并与防雷连接件连接。

3）防雷连接导体宜分别与门窗框防雷连接件和建筑主体结构防雷装置焊接连接，焊接长度不小于 100mm，焊接处涂防腐漆。

（3）防雷施工应符合下列规定：

1）金属门窗外框应有专用的防雷连接件并与窗框可靠连接。

2）金属门窗外框与防雷连接件连接，应先除去非导电的表面处理层。

3）防雷连接导体应与建筑物防雷装置和金属门窗外框防雷连接件进行可靠的焊接连接，焊缝长度应符合防雷规范的要求。

## 2.4.2 均压环安装做法

均压环是用扁钢或圆钢水平与接地引下线等连接，使各连接点处电位相同。高层建筑物应按设计要求装设均压环，自 30m 起，向上环间垂直距离不宜大于 12m。

（1）在 30m 及以上的建筑物的外金属窗、金属栏杆处附近的均压环上，焊出接地干线到金属窗、金属栏杆端部。也可在金属窗、金属栏杆端部预留接地钢板。

（2）30m 及以上的建筑物的外金属窗、金属栏杆须通过引出的接地干线电气连接而 与避雷装置连接。在金属窗加工制作时应按规定的要求甩出 300mm 的－25mm×4mm 扁钢 2 处，如框边长超过 3m 时，就需要做 3 处连接，以便于进行压接或焊接。甩出的扁钢 等与均压环引出线连接一体，如图 2-29 所示。

也可在避雷导体窗侧的一面焊接一扁钢连接板（25×4×

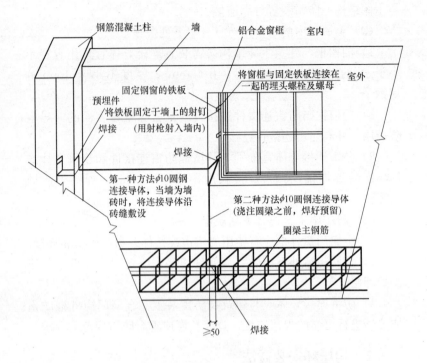

图 2-29　金属门窗与避雷连接作法

500），在其一端钻 $\phi 6$ 圆孔，并用 $6\text{mm}^2$ 多股软铜导线，两头用端子压接并挂锡，一头接在接线板上，一头可接在金属门窗上，如图 2-30 所示。大于 $3\text{m}^2$ 的金属门窗，避雷导体连接不得小于 2 处。

（3）外金属窗、金属栏杆与接地干线或预留接地钢板连接可用螺栓连接或焊接，连接必须可靠。

## 2.4.3　均压环检查

对每一个均压环进行检查，核对是否连通、是否符合设计值，若有不通或不符合设计要求现象，应及时上报。

检查方法采用接地电阻测试仪检查均压环与大地之间电阻数

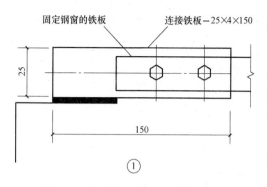

图 2-30　金属门窗与避雷连接节点作法

值，如图 2-31 所示。

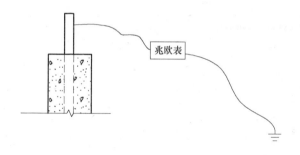

图 2-31　接地检查

## 2.4.4　接地电阻测试

待金属门窗框的均压环连接完毕后，应进行电阻测试。防雷保护地的接地电阻不应大于 $10\Omega$（或按设计要求）。

测试方法为金属门窗钢附框节点与接地电阻测试连接，与大地相接大于 1m 的钢棒，打入地面深度大于 1m，然后连接接地电阻测试仪进行测试，其连接如图 2-32 所示。

接地电阻测试仪是检验测量接地电阻的常用仪表，比较常用的有 ZC 系列的摇表指针式，稳定性更高的数字接地电阻仪。

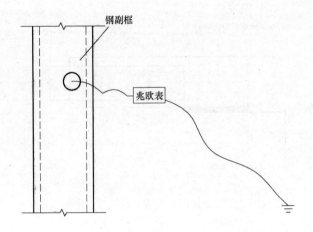

图 2-32　接地电阻测试

# 3 自动门、金属转门安装

## 3.1 自动门

自动门系指由各种信号控制自动启闭出入口，并具备运行装置、感应装置和门体部件的总称。

### 3.1.1 自动门分类及构造

#### 1. 自动门的分类

自动门按门体材料分，有铝合金门、不锈钢门、无框全玻璃门和异型薄壁钢管门；按扇形分，有两扇、四扇、六扇形等；按探测传感器分，有超声波传感器、红外线探头、遥控探测器、毡式传感器、开关式传感器和拉线开关或手动按钮式传感器；按开启方式分，有推拉式、中分式、折叠式、滑动式和开平式自动门等。

#### 2. 自动门的构造

自动门的滑动扇上部为吊挂滚轮装置，下部设滚轮导向结构或槽轨导向结构。自动的机电装置设于自动门上部的通长机箱内。推拉自动门扇的电动传动系统为悬挂导轨式，如图 3-1 所示。

### 3.1.2 自动门安装操作

#### 1. 安装准备

（1）自动门安装单位应与工程建设单位就安装工程的进度、完工检查、竣工验收及其他相关工作进行协商。

（2）自动门生产厂应会同相关单位，根据已认定的门区设计

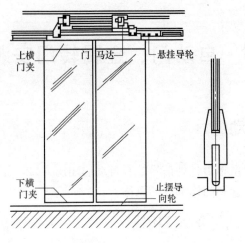

图 3-1　自动门立面

图进行复核。

（3）确认动力电源、照明电源的容量和安装自动门的临时电源走向。

（4）确认自动门及其零部件的数量，准备必要的安装工具。

**2. 安装现场的地面水平度**

（1）自动平滑（折叠）门：应根据自动门的设计要求，首先确定门的安装位置。安装位置在地面的投影按下图画线，定出 5 个点的位置，每点的编号如图 3-2 所示，中心点为 3。

先用水平仪测量 3 点的高度值，并以此高度值作基准。然后逐点测量其余 4 个点的高度。把测量值填表。检查高度差，不得超过±2mm。

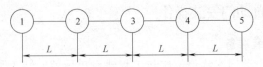

图 3-2　门区地面水平度测量示意图

注：图中 $L$ 值是门洞尺寸的 1/4。

（2）平开自动门：应根据平开门的设计要求，首先确定是单扇门还是双扇门。当为双扇门时，应按下图画线，定出 9 个点的位置，每点的编号如图 3-3 所示。中心点为 5，该点为双扇门关闭后的中缝位置。当为单扇门时，只画左侧 1～6 或右侧4～9 的 6 个点。

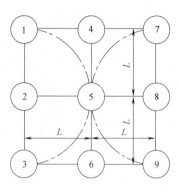

图 3-3　门区地面水平度测量示意图
注：图中 $L$ 值是门扇的宽度值。

先用水平仪测 M5 点的高度值，并以此高度值作为基准。然后逐点测量其余 8 个点的高度，把测量值填表。检查高度差，不得超过±2mm。

**3. 自动门框架与建筑物的连接**

自承重的自动门与建筑围护结构宜采用柔性连接。自动门框架与建筑物的连接构造可分为下列两种：

（1）当建筑装饰面为湿贴时，宜采用预埋件或膨胀螺栓将自动门框架固定在建筑物上。

（2）当建筑装饰面为干挂时，可按图 3-4 所示的构造对自动门框架进行连接固定。

**4. 安装地面导向轨**

自动门一般在地面上安装导向性轨道，异型薄壁钢管自动门在地面上设滚轮导向铁件。

地平面施工时，应准确测定内外地面的标高，作可靠标识；然后按设计图规定的尺寸放出下部导向装置的位置线，预埋滚轮导向铁件或预埋槽口木条。槽口木条采用 50mm×70mm 方木，其长度为开启门宽的两倍。安装前撬出方木条，安装下轨道（图 3-5）。安装的轨道必须水平，预埋的动力线不得影响门扇的开启。

77

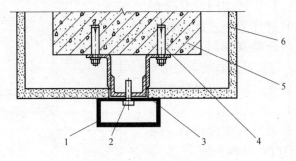

图 3-4　框架连接构造

1—框架；2—螺钉；3—槽钢；4—膨胀螺栓；5—建筑结构；6—装饰面

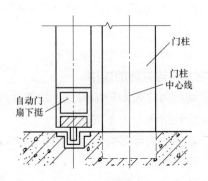

图 3-5　自动门下轨道埋设示意图

### 5. 安装横梁

自动门上部机箱层横梁一般采用 18 槽钢，槽钢与墙体上预埋钢板连接支承机箱层。因此，预埋钢板（－8mm×150mm×150mm）必须埋设牢固。预埋钢板与横梁的钢联结要牢固可靠。安装横梁下的上导轨时，应考虑门上盖的装拆方便。一般可采用活动条密封，安装后不能使门受到安装应力。即必须是零荷载。如图 3-6 所示。

### 6. 平滑门（推拉门）、折叠门梁的安装

平滑门（推拉门）、折叠门梁的安装，如图 3-7～图 3-10 所示。

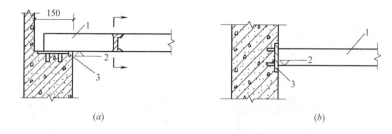

(a)　　　　　　　　　　　　　　　　　(b)

图 3-6　机箱横梁支承节点

(a) 砌体结构采用；(b) 混凝土结构采用

1—机箱横梁；2—横梁安装标高；3—预埋钢板

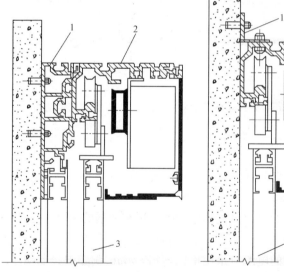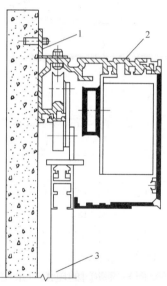

图 3-7　用辅梁型材和承重梁
构成的门楣结构

1—辅梁；2—承重架；

3—动扇

图 3-8　角码形式的门楣结构

1—角码；2—承重梁；3—动扇

## 7. 探测传感系统和机电装置安装

（1）自动门应使用独立电源。

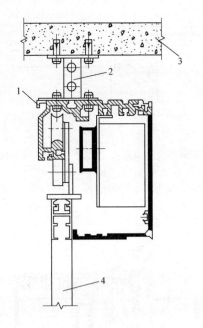

图 3-9 天花板吊挂结构
1—承重梁；2—吊装架；
3—天花板；4—动扇

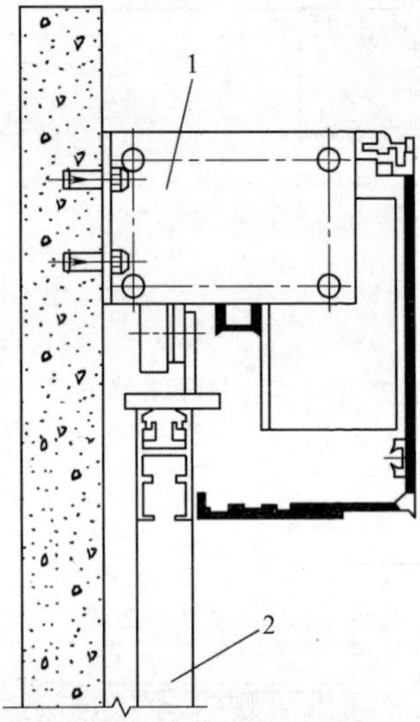

图 3-10 梁端固定结构
1—端面支架；2—动扇

（2）国内使用的自动门电源电压应为交流 220V（±10%）、50Hz。

（3）自动门的电源供电功率应大于标称功率的 2 倍，且不小于 1kW。

（4）自动门的电源应采用单根 $3×2.5mm^2$ 铜芯护套电缆。

（5）自动门的电源电缆应以隐蔽方式引至要求的进线位置，并留有一定余量（一般不应小于 2m）。

（6）按产品说明书安装探测传感系统和机电装置。

**8. 调试**

自动门安装后，对探测传感系统和机电装置进行反复调试，将感应灵敏度、探测距离、开闭速度等调试至最佳状态，以满足使用功能。

## 3.2　金属转门

金属转门（也称金属旋转门）一般适用于宾馆、机场、使馆、商店等中、高级民用、公共建筑设施的启闭，可起到控制人的流量和保持室内温度的作用。

### 3.2.1　金属转门的种类和规格

金属旋转门有铝质和钢质两种；开启方式有手推式和自动式；扇体有四扇固定、四扇折叠移动和三扇等形式。

**1. 金属转门的种类**

（1）按材质：金属转门按材质分铝制、钢制两种。铝制结构是用铝、镁、硅合金挤压成型，经阳极氧化成银白、古铜等颜色，美观大方；钢制结构是用 20 号碳素结构无缝异型管冷拉成各种类型转门、转壁框架，然后喷涂各种油漆，进行装饰处理。

（2）按驱动方式分：根据驱动方式的不同，可分为由人力推动旋转的人力推动转门和利用电机、自动化推动的自动转门两种。

（3）按门扇构造分：根据门扇构造不同，金属转门可分为十字金属转门和三扇式金属转门。

**2. 金属转门的规格**

门的规格：高度 2200mm、2400mm，门的宽度：1280～3595mm，门扇宽度：1650～4800mm，由门窗专业厂家按国家标准图生产。工程采用金属旋转门，由建筑施工图选定。

### 3.2.2　金属转门的技术要求

（1）铝结构应采用合成橡胶密封固定玻璃，以保证其具有良好的密闭、抗震和耐老化性能，活扇与转壁之间应采用聚丙烯毛刷条，钢结构玻璃应采用油面腻子固定。铝结构应采用厚 5～

6mm 玻璃，钢结构采用厚 6mm 玻璃，玻璃规格根据实际使用尺寸配装。

（2）门扇一般应逆时针旋转，保证转动平稳、坚固耐用，便于擦洗清洁和维修。

（3）门扇旋转主轴下部，应设有可调节阻尼装置，以控制门扇因惯性产生偏快的转速，保持旋转体平稳状态。4 只调节螺栓逆时针旋转为阻尼增大。

（4）连接铁件焊接固定后，必须进行防腐处理。

（5）门扇正面、侧面垂直度是转门安装质量控制的核心，也是保证转门旋转平稳、间隙均匀的前提条件，必须重点控制。

（6）转壁安装先临时固定，不可一次固定死。应待转门门扇的高低、松紧和旋转速度均调整适宜后，方可完全固定。

### 3.2.3 金属转门安装操作

**1. 安装位置线弹线**

根据产品安装说明书，在预留洞口四周弹桁架安装位置线。位置线要用水准仪设水平点以保证水平度。

**2. 安装现场的地面水平度测量**

根据旋转门的设计要求，门区所在位置应有不小于 200mm 深的坚实基层。混凝土地面应有足够的养护期，冬季养护时间不应少于 7d。

安装旋转门之前，首先应确定旋转门的中心点。以中心点基准，按图 3-11 画线，定出 21 个点的位置，每点的编号如图 3-11 所示。中心点为 11。

先用水平仪测 M11 点的

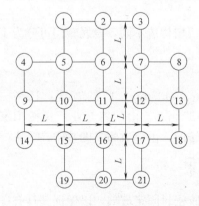

图 3-11　门区地面水平度测量示意图

注：图中 L 值，见表 3-1。

高度值，并以此高度值作为基准。然后逐点测量其余 20 个点的高度，把测量值填表。检查高度差，不得超过±2mm。

**L 值参考表**　　　　　　　　　　　　　　　　表 3-1

| 门的内径(mm) | L 值(mm) |
|:---:|:---:|
| 1800 | 415 |
| 2100 | 470 |
| 2400 | 545 |
| 2700 | 615 |
| 3000 | 680 |
| 3200 | 725 |
| 3600 | 815 |
| 4200 | 945 |
| 4800 | 1120 |
| 5400 | 1200 |
| 6200 | 1420 |

**3. 清理预埋铁件**

按安装位置线，清理预埋铁件的数量和位置。如预埋铁件数量或位置偏离位置线，应在基体上钻膨胀螺栓孔，其钻孔位置应与桁架的连接件位置相对应。

**4. 门体安装**

（1）桁架固定：桁架的连接件可与铁件焊接固定。如用膨胀螺栓，将膨胀螺栓固定在基体上，再将桁架连接件与膨胀螺丝焊接固定。

（2）装轴、固定底座：转轴接逆时针旋转安装，临时点焊上轴承座，保持转轴垂直于地平面。

底座下要垫平垫实，不得产生下沉，临时点焊上轴承座，使转轴在同一个中心线垂直于地平面。待各项调整调节工作全部完成后浇灌混凝土固定。

（3）装转门顶与转壁：转壁不应预先固定，便于调整与活扇之间的间隙。

转门顶：按图安装好后装转门扇，旋转门扇保持90°（四扇式）或120°（三扇式）夹角，转动门窗，保证上下间隙，与地面间隙为1～2mm。

调整转壁位置：以保证门扇与转壁之间的间隙。间隙大小以活扇与转壁之间采用的聚丙烯毛刷条尺寸为准。在调整转壁位置时门扇应先调整到适宜高度。

（4）焊上轴承座：上轴承座焊完后，用C25混凝土固定底座，埋入插销下壳，固定转壁。

（5）旋转检查：当底座混凝土达到设计的强度等级后，试旋转应合格。

**5. 门扇旋转速度调节**

主轴下部设有可调节阻尼装置，以控制门扇因惯性产生偏快的转速以保持旋转平稳状态。门扇松紧转速及门扇升、降的调节如图3-12所示。门扇的升、降和旋转速度调节好以后，安装插销下壳，固定转壁。

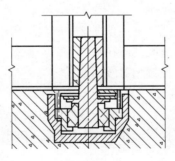

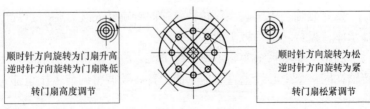

图3-12 转门调节示意图

### 6. 安装玻璃及刷油漆

安装玻璃：试旋转满足设计要求后，在门上安装玻璃。铝结构转门采用 5～6mm 厚玻璃玻璃采用合成橡胶密封固定。钢结构转门采用 6mm 厚玻璃玻璃采用油面腻子和钢丝卡固定。玻璃尺寸根据实际需要。

油漆：钢制旋转门按设计要求的油漆品种和颜色的涂刷或喷涂油漆。

# 4 卷帘门窗及防火卷帘安装

## 4.1 卷帘门窗

卷帘门窗系指由导轨、卷轴、卷帘及驱动装置等组成的安装在建筑洞口上的门窗。

### 4.1.1 卷帘门窗的分类、代号

卷帘门窗基本分为普通卷帘门（代号为 JM）、普通卷帘窗（代号为 JC）、快速卷帘门（代号为 JMK）三类。

卷帘门窗按安装方式、帘片材料、帘片构造、运动方式的具体分类及代号，见表 4-1。

卷帘门窗的分类及代号　　　　　表 4-1

| 分类依据 | 分类/材质 | 代号 |
|---|---|---|
| 安装方式 | 外装 | W |
| | 内装 | N |
| | 暗装 | A |
| | 中装 | Z |
| 帘片材料 | 钢质 | G |
| | 钢质复合 | Gf |
| | 铝质 | L |
| | 铝质复合 | Lf |
| | 其他 | Q |
| 帘片构造 | 空腔型/帘片中间为空腔 | K |
| | 空腔填充型/空腔帘片中间有填充物 | T |

| 分类依据 | 分类/材质 | | 代号 |
|---|---|---|---|
| 帘片构造 | 单片实心型/一种材料，实心结构 | | D |
| | 有孔型/帘片表面开孔，可透光、透气 | | Y |
| 运行方式 | 手动式 | 弹簧驱动 | St |
| | | 曲柄摇杆驱动 | Sq |
| | | 皮带驱动 | Sp |
| | 电动式 | 普通开关 | Dp |
| | | 智能开关 | Dz |

## 4.1.2 卷帘门窗常见的结构形式

卷帘门窗有弹簧驱动卷帘门窗、管状电机驱动卷帘门窗、外置开门机驱动卷帘门、曲柄摇杆驱动卷帘窗、手拉/手摇皮带卷帘窗、快速卷帘门等结构形式。

（1）卷帘门窗的驱动装置为弹簧轴，弹簧轴安装在卷轴内，根据门体的重量和高度调节弹簧轴的圈数，适用于建筑门窗的经济性要求。

（2）卷帘门窗的驱动装置为管状电机，管状电机安装在卷轴内，不占用安装空间。

（3）卷帘门的驱动装置为外置开门机，外置开门机安装在卷轴外，占用一定的安装空间，适用于大型工业门。

（4）卷帘窗的驱动装置为曲柄摇杆，曲柄摇杆驱动部分安装在卷轴内，经济适用。

（5）卷帘窗的驱动装置为手拉皮带或手摇皮带，皮带驱动部分与卷轴相连，经济适用。

（6）卷帘门的驱动装置为外置快速电机，适用频率开启要求高的场所。

## 4.1.3 卷帘门窗的安装方式

卷帘门窗标准安装方式分为四种：外装（W）、内装（N）、暗装（A）、中装（Z）。

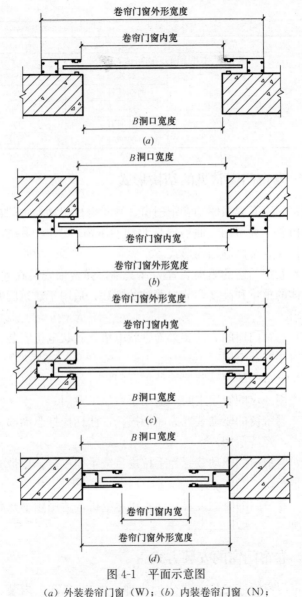

图 4-1 平面示意图

(a) 外装卷帘门窗（W）；(b) 内装卷帘门窗（N）；

(c) 暗装卷帘门窗（A）；(d) 中装卷帘门窗（Z）

卷帘门窗四种安装方式，如图 4-1 及图 4-2 所示。

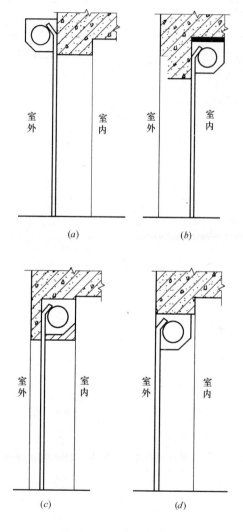

图 4-2　剖面示意图

(a) 外装卷帘门窗（W）；(b) 内装卷帘门窗（N）

(c) 暗装卷帘门窗（A）；(d) 中装卷帘门窗（Z）

### 4.1.4 卷帘门窗安装

**1. 定位放线**

帘片向外卷起和卷帘门装在门洞中，帘片可向外侧或向内侧卷起。因此定位放线时，应根据设计要求弹出两导轨垂直线及卷筒中心线并测量洞口标高。

**2. 检查预埋铁件**

定位放线后，应检查实际预埋铁件的数量、位置与图纸核对，如不符合产品说明书的要求，应进行处理。

**3. 导轨、端盖板安装**

（1）门帘轨道应在安装前进行制作。根据墙体的具体情况，用膨胀螺钉、自钻螺丝或木螺丝将导轨、端盖板固定在墙体上，如图4-3、图4-4所示。螺钉应拧紧，无松动现象。

（2）安装时沿墙壁安装，必须先对连接件与轨道连接的部位进行标志，打十字形标记，以便能较精确地对准安装。

（3）轨道与预埋件的连接采用焊接连接。

（4）导轨、端盖板安装的尺寸误差应符合总装图上的要求。

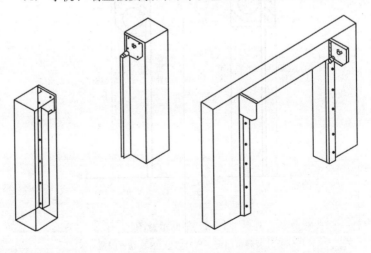

图4-3 安装示意图（洞中安装）　图4-4 安装示意图（洞外安装）

**4. 卷筒安装**

（1）卷筒含帘片及其附件、卷帘轴、电机及配件的组装件，用绳子系住使帘片紧绕在卷帘轴上装入到两端板上。

（2）卷筒滚轴安装时需核验其水平度，不能产生倾斜，以免板门平面两侧边不与轨道相平行而无法使用。

（3）将电机的方形块摆入到端盖板的方形槽中，注意电机方形块的圆孔与端盖板方形槽圆孔应在同一方向上。

（4）将托架轴的方形块摆入到端盖板的方形槽中，注意托架轴可以活动，托架轴方形块的圆孔应与端盖板上的方形块的圆孔在同一方向上。

（5）将卷筒两端用开口销连接好（即方形块与方形槽的圆孔用开口销插接好）。

**5. 电路连接、通电及调节限位**

（1）将系住帘片的绳子解开，并将帘片放入导轨。

（2）将电路系统配线插的九芯插头插入到插收盒中，将电路系统配线的四芯插头与电机出线的四芯插头对插，将电路系统配线的插头插入到市电三芯插座上。

（3）将接收盒挂在指定位置，如果配有电动开关，则将电动开关安装在距地面 1.3m 左右的位置（或指定位置）。

（4）调节电机限位，下限位应在卷帘窗完全关闭位置，上限位应在底梁上行到导轨端面的位置。

（5）电路接线完成后应检查接收盒、电动开关应安装在指定位置或便于操作位置，电线布置应美观、整洁，电机出线应与端盖板相对固定，不能与卷帘系统相互干涉，以防止日后电机出线被卷帘缠绕绞断。

（6）在操作过程中还应注意，遥控器和电动开关的按键设置与卷帘窗的运行方向一致，如不一致，应采用拨动接收器的换向开关或更改电动关开的接线使其一致。

**6. 固定罩壳、前挡板**

（1）将罩壳贴合到端盖板上，并用手电钻钻孔（例如 $\phi 3.8$

钻头），用自攻螺钉（例如 ST4.2mm±20mm）将罩壳固定在端盖板上。

（2）将前挡板或前扣板贴合到端盖板上，并用手电钻钻孔（例如 φ3.8 钻头），用自攻螺钉（例如 ST4.2mm±20mm）将前挡板或前扣板固定在端盖板上。

（3）开孔位置应分布均匀，左右对称，距端盖板端面在8mm 左右。

（4）如果安装方式为外挂，则应在罩壳与墙面贴合处进行防水处理（如打防水胶等）。

（5）在卷帘门收完时，护罩内表面与板条不得有接触摩擦的现象，如图 4-5、图 4-6 所示。

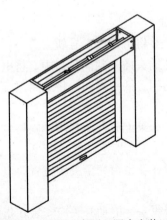 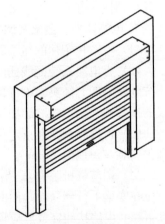

图 4-5　装配示意图（洞中安装）　　图 4-6　装配式意图（洞外安装）

## 4.2　防火卷帘门

防火卷帘系指在一定时间内，连同框架能满足耐火完整性、隔热性等要求的卷帘。

钢质防火卷帘系指用钢质材料做帘板、导轨、座板、门楣、箱体等，并配以卷门机和控制箱的防火卷帘。

无机纤维复合防火卷帘系指用无机纤维材料做帘面（内配不锈钢丝或不锈钢丝绳），用钢质材料做夹板、导轨、座板、门楣、箱体等，并配以卷门机和控制箱的防火卷帘。

## 4.2.1 基本规定

（1）防火卷帘门必须配置温感、烟感、光感报警系统和水幕喷淋系统，出厂产品必须由公安部批准的生产厂家产品。

（2）防火卷帘、防火门、防火窗施工前应具备下列技术资料：

1）经批准的施工图、设计说明书、设计变更通知单等设计文件。

2）主、配件的产品出厂合格证和符合市场准入制度规定的有效证明文件。

3）主、配件使用、维护说明书。

（3）防火卷帘、防火门、防火窗施工应具备下列条件：

1）现场施工条件满足连续作业的要求。

2）主、配件齐全，其品种、规格、型号符合设计要求。

3）施工所需的预埋件和孔洞等基建条件符合设计要求。

4）施工现场相关条件与设计相符。

5）设计单位向施工单位技术交底。

## 4.2.2 防火卷帘检验

以下各项全数检查，核查产品的名称、型号、规格及耐火性能等是否与符合市场准入制度规定的有效证明文件和设计要求相符。

（1）防火卷帘及与其配套的烟感和温感火灾探测器等应具有出厂合格证和符合市场准入制度规定的有效证明文件，其型号、规格及耐火性能等应符合设计要求。

（2）每樘防火卷帘及配套的卷门机、控制器、手动按钮盒、温控释放装置，均应在其明显部位设置永久性标牌，并应标明产品名称、型号、规格、耐火性能及商标、生产单位（制造商）名称、厂址、出厂日期、产品编号或生产批号、执行标准等。

（3）防火卷帘的钢质帘面及卷门机、控制器等金属零部件的表面不应有裂纹、压坑及明显的凹凸、锤痕、毛刺等缺陷。

（4）防火卷帘无机纤维复合帘面，不应有撕裂、缺角、挖补、倾斜、跳线、断线、经纬纱密度明显不匀及色差等缺陷。

## 4.2.3 防火卷帘安装操作

防火卷帘的安装，应符合施工图、设计说明书及设计变更通知单等技术文件的要求。

防火卷帘的安装过程应进行质量控制。每道工序结束后应进行质量检查，检查应由施工单位负责，并应由监理单位监督。隐蔽工程在隐蔽前应由施工单位通知有关单位进行验收。

**1. 防火卷帘帘板（面）安装**

（1）钢质防火卷帘相邻帘板串接后应转动灵活，摆动90°不应脱落。

（2）钢质防火卷帘的帘板装配完毕后应平直，不应有孔洞或缝隙。

（3）钢质防火卷帘帘板两端挡板或防窜机构应装配牢固，卷帘运行时，相邻帘板窜动量不应大于2mm。

（4）无机纤维复合防火卷帘帘面两端应安装防风钩。

（5）无机纤维复合防火卷帘帘面应通过固定件与卷轴相连。

**2. 导轨安装**

（1）防火卷帘帘板或帘面嵌入导轨的深度应符合表4-2的规定。导轨间距大于表4-2的规定时，导轨间距每增加1000mm，每端嵌入深度应增加10mm，且卷帘安装后不应变形。

帘板或帘面嵌入导轨的深度　　　　　　　　　　表4-2

| 导轨间距 $B$(mm) | 每端最小嵌入深度(mm) |
|---|---|
| $B<3000$ | $>45$ |
| $3000 \leqslant B<5000$ | $>50$ |
| $5000 \leqslant B<9000$ | $>60$ |

直尺测量，测量点为每根导轨距其底部 200mm 处，取最小值。

（2）导轨顶部应成圆弧形，其长度应保证卷帘正常运行。

（3）导轨的滑动面应光滑、平直。帘片或帘面、滚轮在导轨内运行时应平稳顺畅，不应有碰撞和冲击现象。

（4）单帘面卷帘的两根导轨应互相平行，双帘面卷帘不同帘面的导轨也应互相平行，其平行度误差均不应大于 5mm。

钢卷尺测量，测量点为距导轨顶部 200mm 处、导轨长度的 1/2 处及距导轨底部 200mm 处 3 点，取最大值和最小值之差。

（5）卷帘的导轨安装后相对于基础面的垂直度误差不应大于 1.5mm/m，全长不应大于 20mm。

（6）卷帘的防烟装置与帘面应均匀紧密贴合，其贴合面长度不应小于导轨长度的 80%。

塞尺测量，防火卷帘关闭后用 0.1mm 的塞尺测量帘板或帘面表面与防烟装置之间的缝隙，塞尺不能穿透防烟装置时，表明帘板或帘面与防烟装置紧密贴合。

（7）防火卷帘的导轨应安装在建筑结构上，并应采用预埋螺栓、焊接或膨胀螺栓连接。导轨安装应牢固，固定点间距应为 600～1000mm。

**3. 座板安装**

座板与地面应平行，接触应均匀。座板与帘板或帘面之间的连接应牢固。

无机复合防火卷帘的座板应保证帘面下降顺畅，并应保证帘面具有适当悬垂度。

**4. 门楣安装**

门楣安装应牢固，固定点间距应为 600～1000mm。

门楣内的防烟装置与卷帘帘板或帘面表面应均匀紧密贴合，其贴合面长度不应小于门楣长度的 80%，非贴合部位的缝隙不应大于 2mm。

防火卷帘关闭后用 0.1mm 的塞尺测量帘板或帘面表面与防

烟装置之间的缝隙，塞尺不能穿透防烟装置时，表明帘板或帘面与防烟装置紧密贴合，非贴合部分采用 2.0mm 的塞尺测量。

**5. 传动装置安装**

卷轴与支架板应牢固地安装在混凝土结构或预埋钢件上。

卷轴在正常使用时的挠度应小于卷轴的 1/400。

**6. 卷门机安装**

卷门机应按产品说明书要求安装，且应牢固可靠。

卷门机应设有手动拉链和手动速放装置，其安装位置应便于操作，并应有明显标志。手动拉链和手动速放装置不应加锁，且应采用不燃或难燃材料制作。

**7. 防护罩（箱体）安装**

（1）防护罩尺寸的大小应与防火卷帘洞口宽度和卷帘卷起后的尺寸相适应，并应保证卷帘卷满后与防护罩仍保持一定的距离，不应相互碰撞。

（2）防护罩靠近卷门机处，应留有检修口。

（3）防护罩的耐火性能应与防火卷帘相同。

（4）温控释放装置的安装位置应符合设计和产品说明书的要求。

**8. 防火封堵**

防火卷帘、防护罩等与楼板、梁和墙、柱之间的空隙，应采用防火封堵材料等封堵，封堵部位的耐火极限不应低于防火卷帘的耐火极限。

**9. 防火卷帘控制器安装**

（1）防火卷帘的控制器和手动按钮盒应分别安装在防火卷帘内外两侧的墙壁上，当卷帘一侧为无人场所时，可安装在一侧墙壁上，且应符合设计要求。控制器和手动按钮盒应安装在便于识别的位置，且应标出上升、下降、停止等功能。

（2）防火卷帘控制器及手动按钮盒的安装应牢固可靠，其底边距地面高度宜为 1.3~1.5m。

（3）防火卷帘控制器的金属件应有接地点，且接地点应有明显的接地标志，连接地线的螺钉不应作其他紧固用。

**10. 其他相关附件安装**

（1）与火灾自动报警系统联动的防火卷帘，其火灾探测器和手动按钮盒的安装应符合下列规定：

1）防火卷帘两侧均应安装火灾探测器组和手动按钮盒。当防火卷帘一侧为无人场所时，防火卷帘有人侧应安装火灾探测器组和手动按钮盒。

2）用于联动防火卷帘的火灾探测器的类型、数量及其间距应符合现行国家标准《火灾自动报警系统设计规范》GB 50116的有关规定。

（2）用于保护防火卷帘的自动喷水灭火系统的管道、喷头、报警阀等组件的安装，应符合现行国家标准《自动喷水灭火系统施工及验收规范》GB 50261的有关规定。

（3）防火卷帘电气线路的敷设安装，除应符合设计要求外，尚应符合现行国家标准《建筑设计防火规范》GB 50016的有关规定。

## 4.2.4 防火卷帘调试

**1. 防火卷帘控制器**

防火卷帘控制器应进行通电功能、备用电源、火灾报警功能、故障报警功能、自动控制功能、手动控制功能和自重下降功能调试，并应符合下列要求：

（1）通电功能调试时，应将防火卷帘控制器分别与消防控制室的火灾报警控制器或消防联动控制设备、相关的火灾探测器、卷门机等连接并通电，防火卷帘控制器应处于正常工作状态。

（2）备用电源调试时，设有备用电源的防火卷帘，其控制器应有主、备电源转换功能。主、备电源的工作状态应有指示，主、备电源的转换不应使防火卷帘控制器发生误动作。备用电源的电池容量应保证防火卷帘控制器在备用电源供电条件下能正常可靠工作 1h，并应提供控制器控制卷门机速放控制装置完成卷帘自重垂降，控制卷帘降至下限位所需的电源。

切断防火卷帘控制器的主电源，观察电源工作指示灯变化情况和防火卷帘是否发生误动作。再切断卷门机主电源，使用备用电源供电，使防火卷帘控制器工作 1h，用备用电源启动速放控制装置，观察防火卷帘动作、运行情况。

（3）火灾报警功能调试时，防火卷帘控制器应直接或间接地接收来自火灾探测器组发出的火灾报警信号，并应发出声、光报警信号。

（4）故障报警功能调试时，防火卷帘控制器的电源缺相或相序有误，以及防火卷帘控制器与火灾探测器之间的连接线断线或发生故障，防火卷帘控制器均应发出故障报警信号。

任意断开电源一相或对调电源的任意两相，手动操作防火卷帘控制器按钮，观察防火卷帘动作情况及防火卷帘控制器报警情况。断开火灾探测器与防火卷帘控制器的连接线，观察防火卷帘控制器报警情况。

（5）自动控制功能调试时，当防火卷帘控制器接收到火灾报警信号后，应输出控制防火卷帘完成相应动作的信号，并应符合下列要求：

1）控制分隔防火分区的防火卷帘由上限位自动关闭至全闭。

2）防火卷帘控制器接到感烟火灾探测器的报警信号后，控制防火卷帘自动关闭至中位（1.8m）处停止，接到感温火灾探测器的报警信号后，继续关闭至全闭。

3）防火卷帘半降、全降的动作状态信号应反馈到消防控制室。

（6）手动控制功能调试时，手动操作防火卷帘控制器上的按钮和手动按钮盒上的按钮，可控制防火卷帘的上升、下降、停止。

（7）自重下降功能调试时，应将卷门机电源设置于故障状态，防火卷帘应在防火卷帘控制器的控制下，依靠自重下降至全闭。

**2. 防火卷帘用卷门机的调试**

（1）卷门机手动操作装置（手动拉链）应灵活、可靠，安装位置应便于操作。使用手动操作装置（手动拉链）操作防火卷帘启、闭运行时，不应出现滑行撞击现象。

（2）卷门机应具有电动启闭和依靠防火卷帘自重恒速下降（手动速放）的功能。启动防火卷帘自重下降（手动速放）的臂力不应大于 70N。

（3）卷门机应设有自动限位装置，当防火卷帘启、闭至上、下限位时，应自动停止，其重复定位误差应小于 20mm。

**3. 防火卷帘运行功能的调试**

（1）防火卷帘装配完成后，帘面在导轨内运行应平稳，不应有脱轨和明显的倾斜现象。双帘面卷帘的两个帘面应同时升降，两个帘面之间的高度差不应大于 50mm。

（2）防火卷帘电动启、闭的运行速度应为 $2 \sim 7.5 \text{m/min}$，其自重下降速度不应大于 $9.5 \text{m/min}$。

（3）防火卷帘启、闭运行的平均噪声不应大于 85dB。

在防火卷帘运行中，用声级计在距卷帘表面的垂直距离 1m、距地面的垂直距离 1.5m 处，水平测量三次，取其平均值。

（4）安装在防火卷帘上的温控释放装置动作后，防火卷帘应自动下降至全闭。

（5）防火卷帘安装并调试完毕后，切断电源，加热温控释放装置，使其感温元件动作，观察防火卷帘动作情况。试验前，应准备备用的温控释放装置，试验后，应重新安装。

# 5 吊顶及墙体轻钢龙骨安装

建筑用轻钢龙骨（简称龙骨）是以连续热镀锌钢板（带）或以连续热镀锌钢板（带）为基材的彩色涂层钢板（带）作原料，采用冷弯工艺生产的薄壁型钢。

龙骨按使用场合分为墙体龙骨和吊顶龙骨两种类别，按断面形状分为 U、C、CH、T、H、V 和 L 形七种型式。

U 表示龙骨断面形状为⎿⏌形。

C 表示龙骨断面形状为⎡⎤形。

T 表示龙骨断面形状为 T 形。

L 表示龙骨断面形状为 L 形

H 表示龙骨断面形状为 H 形

V 表示龙骨断面形状为\\_/或∠\\形。

CH 表示龙骨断面形状为⎣⊢形。

## 5.1 吊顶轻钢龙骨安装

轻钢龙骨吊顶施工速度快，装配化程度高，轻钢骨架是吊顶装饰最常用的骨架形式。每种类型的轻钢龙骨都应配套使用。

轻钢龙骨的缺点是不容易做成较复杂的造型。

### 5.1.1 吊顶轻钢龙骨的组成构造及分类

吊顶龙骨系指用于吊顶的轻钢龙骨，其常见的构造如图 5-1～图 5-5。其相关构件见表 5-1。吊顶龙骨产品分类及规格，见表 5-2。

## 吊顶龙骨相关构件
表 5-1

| 序号 | 构件名称 | 说明 |
|------|----------|------|
| 1 | 承载龙骨 | 吊顶骨架中主要受力构件 |
| 2 | 覆面龙骨 | 吊顶骨架中固定饰面板的构件 |
| 3 | 吊件 | 龙骨和吊杆间的连接件 |
| 4 | 挂件 | 承载龙骨和其他龙骨挂接的连接件 |
| 5 | 挂插件 | 覆面龙骨垂直相接的连接件 |
| 6 | 承载龙骨连接件 | 承载龙骨加长的连接件 |
| 7 | 覆面龙骨连接件 | 覆面龙骨加长的连接件 |
| 8 | 吊杆 | 吊件和建筑结构的连接件 |
| 9 | T 型主龙骨 | T 型吊顶骨架的主要受力构件 |
| 10 | T 型次龙骨 | T 型吊顶骨架中起横撑作用的构件 |
| 11 | H 型龙骨 | H 型吊顶骨架中固定饰面板的构件 |
| 12 | 插片 | H 型吊顶龙骨中起横撑作用的构件 |
| 13 | L 型直卡式承载龙骨 | L 型吊顶骨架的主要受力构件 |
| 14 | L 型收边龙骨 | U 型、C 型、V 型或 L 型吊顶骨中与墙体相连的构件 |
| 15 | L 型边龙骨 | T 型或 H 型吊顶龙骨中与墙体相连的构件 |
| 16 | V 型直卡式承载龙骨 | V 型吊顶骨架的主要受力构件 |
| 17 | V 型直卡式覆面龙骨 | V 型吊顶骨架中固定饰面板的构件 |

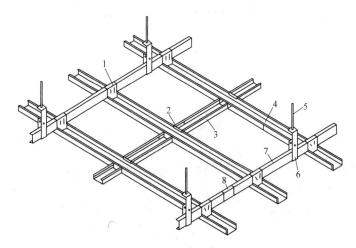

图 5-1  U 型、C 型龙骨吊顶示意图

1—挂件；2—插接件；3—覆面龙骨；4覆面龙骨连接件；5—吊杆；
6—吊件；7—承载龙骨；8—承载龙骨连接件

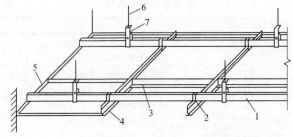

图 5-2　T 型龙骨吊顶示意图（间接悬吊系统）

1—承载龙骨；2—T 型龙骨挂件；3—T 型次龙骨；4—T 型主龙骨；

5—边龙骨；6—吊杆；7—吊件（承载龙骨）

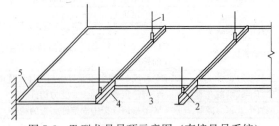

图 5-3　T 型龙骨吊顶示意图（直接悬吊系统）

1—吊杆；2—吊件（T 型龙骨）；3—T 型次龙骨；4—T 型主龙骨；5—边龙骨

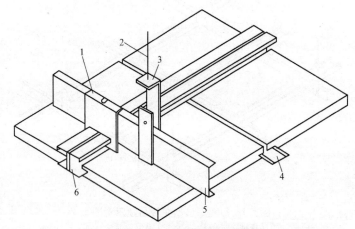

图 5-4　H 型龙骨吊顶示意图

1—挂件；2—吊杆；3—吊件；4—插片；5—承载龙骨；6—H 型龙骨

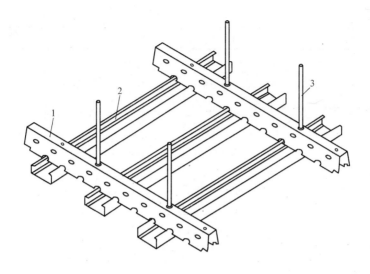

图 5-5　V 型直卡式龙骨吊顶示意图

（L 型替换 V 型为 L 型直卡式龙骨吊顶示意）

1—承载龙骨；2—覆面龙骨；3—吊件

吊顶龙骨产品分类及规格（mm）　　　　表 5-2

| 品种 | | 断面尺寸 | 规格 |
|---|---|---|---|
| U 型龙骨 | 承载龙骨 | <br>$A \times B \times t$ | $A \times B \times t$<br>$38 \times 12 \times 1.0$<br>$50 \times 15 \times 1.2$<br>$60 \times B \times 1.2$ |
| C 型龙骨 | 承载龙骨 | | $A \times B \times t$<br>$38 \times 12 \times 1.0$<br>$50 \times 15 \times 1.2 \times$<br>$60 \times B \times 1.2$ |

| 品种 | | 断面尺寸 | 规格 |
|---|---|---|---|
| C型龙骨 | 覆面龙骨 | | $A \times B \times t$<br>$50 \times 19 \times 0.5$<br>$60 \times 27 \times 0.6$ |
| T型龙骨 | 主龙骨 | | $A \times B \times t_1 \times t_2$<br>$24 \times 38 \times 0.27 \times 0.27$<br>$24 \times 32 \times 0.27 \times 0.27$<br>$14 \times 32 \times 0.27 \times 0.27$ |
| | 次龙骨 | | $A \times B \times t_1 \times t_2$<br>$24 \times 28 \times 0.27 \times 0.27$<br>$24 \times 25 \times 0.27 \times 0.27$<br>$14 \times 25 \times 0.27 \times 0.27$ |
| H型龙骨 | | | $A \times B \times t$<br>$20 \times 20 \times 0.3$ |
| V型龙骨 | 承载龙骨 | | $A \times B \times t$<br>$20 \times 37 \times 0.8$ |
| | 覆面龙骨 | | $A \times B \times t$<br>$49 \times 19 \times 0.5$ |

| 品种 | | 断面尺寸 | 规格 |
|---|---|---|---|
| L型龙骨 | 承载龙骨 | | $A\times B\times t$<br>$20\times43\times0.8$ |
| | 收边龙骨 | | $A\times B_1\times B_2\times t$<br>$A\times B_1\times B_2\times0.4$<br>$A\geq20;B_1\geq25、B_2\geq20$ |
| | 边龙骨 | | $A\times B\times t$<br>$A\times B\times0.4$<br>$A\geq14;B\geq20$ |

## 5.1.2 弹线定位

在结构基层上，按设计要求弹线，确定主龙骨吊点间距及位置。主龙骨端部或接长部位要增设吊点。有些较大面积的吊顶（如音乐厅、比赛厅等），龙骨和吊点间距应进行单独设计和验算。

当选用 U 型或 C 型龙骨作为主龙骨时，端吊点距主龙骨顶端不应大于 300mm，端排吊点距侧墙间距不应大于 150mm。当选用 T 型龙骨作为主龙骨时，端吊点距主龙骨顶端不应大于 150mm，端排吊点距侧墙间距不应大于一块面板宽度。吊点横纵应在直线上，当不能避开灯具、设备及管道时，应调整吊点位置或增加吊点或采用钢结构转换层。

确定吊顶标高：在墙面和柱面上，按吊顶高度要求弹出标高线。弹线应清楚，位置准确，其水平允许偏差±5mm。

## 5.1.3 吊杆（吊索）及吊件固定

### 1. 吊杆（吊索）长度的确定

吊杆（吊索）长度应根据吊顶设计高度确定。根据不同的吊顶系统构造类型，确定吊装形式，选择吊杆类型。吊杆应通直并满足承载要求。吊杆接长时，应搭接焊牢，焊缝饱满。搭接长度：单面焊为 $10d$，双面焊为 $5d$。全牙吊杆接长时，可以焊接，也可以采用专用连接件连接。

不上人的吊顶，吊杆（吊索）长度小于1000mm，宜采用$\phi6$的吊杆（吊索），如果大于 1000mm，宜采用$\phi8$的吊杆（吊索），如果吊杆（吊索）长度大于1500mm，还应在吊杆（吊索）上设置反向支撑。上人的吊顶，吊杆（吊索）长度小于等于1000mm，可以采用$\phi8$的吊杆（吊索），如果大于1000mm，则宜采用$\phi10$的吊杆（吊索），如果吊杆（吊索）长度大于1500mm，同样应在吊杆（吊索）上设置反向支撑，如图5-6。

### 2. 吊索（也称钢丝吊杆）

在吊点位置钉入膨胀螺栓（或带孔射钉），然后用镀锌铁丝连接固定；钢丝吊杆与顶板预埋件或后置紧固件应采用直接缠绕

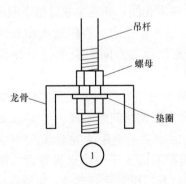

图 5-6 吊杆上设反向支撑

方式，钢丝穿过埋件吊孔在 75mm 高度内应绕其自身紧密缠绕三整圈以上。钢丝吊杆中间不应断接。

钢丝下端与 T 型主龙骨的连接应采用直接缠绕方式。钢丝穿过 T 型主龙骨的吊孔后 75mm 的高度内应绕其自身紧密缠绕三整圈以上。

钢丝要符合现行国家标准《一般用途低碳钢丝》GB/T 343的规定。钢丝直径大于2mm，经退火和镀锌处理、拔直，按所需长度截断，成捆包装。钢丝吊杆与顶板预埋件或后置紧固件连接方式（图5-7）；钢丝吊杆与主龙骨连接方式（图5-8）。

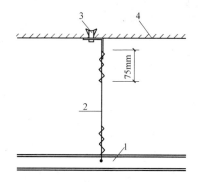 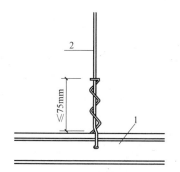

图5-7　钢丝吊杆与顶板预埋件
或后置紧固件连接方式节点图

1—主龙骨；2—钢丝；

3—膨胀螺栓；4—结构顶板

图5-8　钢丝吊杆与主龙
骨连接节点图

1—主龙骨；2—钢丝

钢丝的下端与主龙骨连接方式，如钢丝因障碍物而无法垂直安装时，可在1∶6的斜度范围内调整（图5-9）；或采用斜拉法（图5-10～图5-12）。

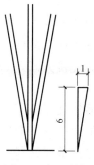 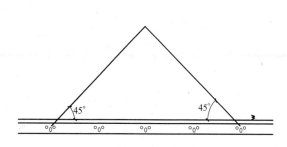

图5-9　钢丝吊杆
斜吊节点图

图5-10　钢丝吊杆斜拉节点图（一）

注：允许采用的斜拉方法一，最小角度45°。

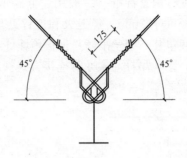

图 5-11　钢丝吊杆斜拉节点图（二）

注：允许采用的斜拉方法二，最小角度 45°。

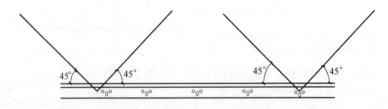

图 5-12　钢丝吊杆斜拉节点图（三）

注：允许采用的斜拉方法三，最小角度 45°。

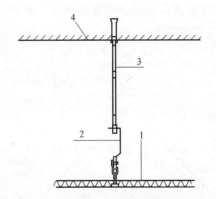

图 5-13　全牙吊杆、烤漆龙骨直吊件
与顶板紧固件连接方式节点图

1—矿棉吸声板；2—烤漆龙骨直吊件；
3—全牙吊杆；4—结构顶板

### 3. 全牙吊杆

吊杆端头螺纹部分长度不应小于 30mm，以便于有较大的调节量。全牙吊杆、烤漆龙骨直吊件与顶板紧固件连接方式，如图 5-13 所示。

### 4. 龙骨避让处理

（1）龙骨在遇到断面较大的机电设备或通风管道时，应加设吊挂杆件，即在风管或设备两侧用吊杆（吊索）固定角铁或者槽钢等刚性材料作为横担，跨过梁或者风管设备。再将吊杆（吊索）用螺栓固定在横担上形成跨越结构，如图 5-14 所示。

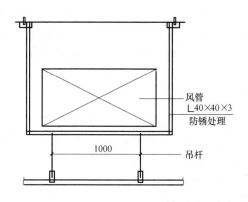

图 5-14　风口处理

（2）吊杆（吊索）距主龙骨端部距离不得超过 300mm，否则应增加吊杆（吊索）。

（3）吊顶灯具、风口及检修口等应设附加次龙骨及吊杆（吊索）。

## 5.1.4　龙骨的安装

龙骨安装顺序，应先安装主龙骨后安次龙骨，但也可主、次龙骨一次安装。当选用的主龙骨加长时，应采用接长件连接。主龙骨安装完毕后，调节吊件高度，调平主龙骨。当选用钢丝吊杆时，应在钢丝吊杆绷紧后调平主龙骨。

**1. 安装边龙骨**

边龙骨的安装应按设计要求弹线，沿墙（柱）上的水平龙骨线把 L 形镀锌轻钢条用自攻螺钉固定；如为混凝土墙（柱）上可用射钉固定，射钉间距应不大于吊顶次龙骨的间距。

**2. 安装主龙骨**

当选用 U 型或 C 型主龙骨时，次龙骨应紧贴主龙骨，垂直方向安装，采用挂件连接并应错位安装，T型横撑龙骨垂直于T型次龙骨方向安装。当选用 T 型主龙骨时，次龙骨与主龙骨同标高，垂直方向安装，次龙骨之间应平行，相交龙骨应呈直角。

龙骨间距应准确、均衡，T 型龙骨按矿棉板等面板模数确定，保证面板四边放置于 T 型龙骨或 L 型龙骨上。主龙骨宜平行房间长向安装，同时应适当起拱。主龙骨的悬臂段不应大于300mm，否则应增加吊杆。主龙骨的接长应采取对接，相邻龙骨的对接接头要相互错开。

跨度大于 15m 以上的吊顶，应在主龙骨上，每隔 15m 加一道大龙骨，并垂直主龙骨焊接牢固。先将大龙骨与吊杆（或镀锌铁丝）连接固定，与吊杆固定时，应用双螺帽与螺杆穿过部位上下固定，如图 5-15 所示。然后按标高线调整大龙骨的标高，使其在同一水平面上。大龙骨调整工作，是确保吊顶质量的关键，必须认真进行。大的房间可以根据设计要求起拱，一般为 1/300 左右。大龙骨的接头位置，不允许留在同一直线上，应适当错开。

主龙骨调平一般以一个房间为单元。调整方法可用 6cm×6cm 方木按主龙骨间距钉圆钉，再将长方木条横放在主龙骨上，并用铁钉卡住各主龙骨，使其按规定间隔定位，临时固定，如图 5-16 所示。方木两端要顶到墙上或梁边，再按十字和对角拉线，拧动吊杆螺栓，升降调平，如图 5-17 所示。

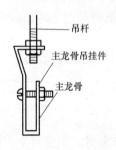

图 5-15　主龙骨连接图

如有大的造型顶棚，造型部分应用角钢或扁钢焊接成框架，并应与楼板连接牢固。

吊顶如设检修走道，应另设附加吊挂系统，用 10mm 的吊杆与长度为 1200mm 的∟150×8 角钢横担用螺栓连接，横担间距为 1800～2000mm，在横担上铺设走道，可以用[63×40×4.8×7.5 槽钢两根间距 600mm，之间用 10mm 的钢筋焊接，钢筋的

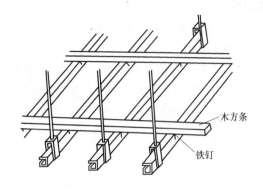

图 5-16　主龙骨定位方法

间距为@100，将槽钢与横
担角钢焊接牢固，在走道
的一侧设有栏杆，高度为
900mm 可以用L50×4 的角
钢做立柱，焊接在走道
⊏63×40×4.8×7.5 槽钢

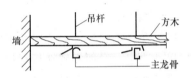

图 5-17 主龙骨固定调平示意图

上，之间用-30×4 的扁钢连接，如图 5-18 所示。

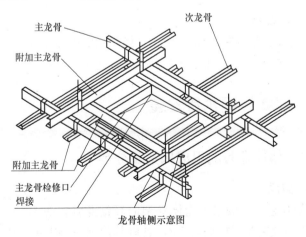

龙骨轴侧示意图

图 5-18　上人吊顶检修孔

### 3. 安装次龙骨

次龙骨分为 T 型烤漆龙骨、T 型铝合金龙骨和各种条形扣板厂家配带的专用龙骨。

次龙骨应紧贴主龙骨安装，其位置一般应按装饰板材的尺寸在大龙骨底部弹线，用挂件固定，并使其固定严密，不得有松动。为防止大龙骨向一边倾斜，吊挂件安装方向应交错进行。

次龙骨间距 300～600mm。用 T 形镀锌铁片连接件把次龙骨固定在主龙骨上时，次龙骨的两端应搭在 L 型边龙骨的水平翼缘上。

次龙骨不得搭接。在通风、水电等洞口周围应设附加龙骨，附加龙骨的连接用拉铆钉铆固。

### 4. 横撑龙骨安装

横撑龙骨下料尺寸要比名义尺寸小 2～3mm，其中距视装饰板材尺寸决定，一般安置在板材接缝处。

横撑龙骨应用次龙骨截取。安装时将截取的次龙骨的端头插入挂插件，扣在纵向龙骨上，并用钳子将挂搭弯入纵向龙骨内，组装好后，纵向龙骨和横撑龙骨底面（即饰面板背面）要求一平。

### 5. 灯具固定

一般轻型灯具可固定在次龙骨或附加的横撑龙骨上；重型的应按设计要求决定，而不得与轻钢龙骨连接。

## 5.2 墙体轻钢龙骨安装

### 5.2.1 墙体龙骨的组成构造及分类

#### 1. 组成

墙体龙骨系指用于墙体骨架的轻钢龙骨，如图 5-19 所示。龙骨产品分类及规格见表 5-3，若有其他规格要求由供需双方商定。其相关构件如下：

112

横龙骨：墙体骨架和建筑结构的连接构件。

竖龙骨：墙体骨架中主要受力构件。

通贯龙骨：墙体骨架中竖龙骨的中间连接构件。

支撑卡：覆面板材与龙骨固定时起支撑作用的配件。

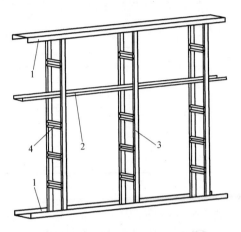

图 5-19　墙体龙骨示意图

1—横龙骨；2—通贯龙骨；3—竖龙骨；4—支撑卡

**墙体龙骨产品分类及规格（mm）**　　　　　　表 5-3

| 品种 | | 断面尺寸 | 规格 |
|---|---|---|---|
| CH型龙骨 | 竖龙骨 | | $A \times B_1 \times B_2 \times t$<br>$75(73.5) \times B_1 \times B_2 \times 0.8$<br>$100(98.5) \times B_1 \times B_2 \times 0.8$<br>$150(148.5) \times B_1 \times B_2 \times 0.8$<br>$B_1 \geqslant 35 ; B_2 \geqslant 35$ |
| C型龙骨 | 竖龙骨 | | $A \times B_1 \times B_2 \times t$<br>$50(48.5) \times B_1 \times B_2 \times 0.6$<br>$75(73.5) \times B_1 \times B_2 \times 0.6$<br>$100(98.5) \times B_1 \times B_2 \times 0.7$<br>$150(148.5) \times B_1 \times B_2 \times 0.7$<br>$B_1 \geqslant 45 ; B_2 \geqslant 45$ |

| 品种 | | 断面尺寸 | 规格 |
|---|---|---|---|
| U型龙骨 | 横龙骨 | | $A \times B \times t$<br>$52(50) \times B \times 0.6$<br>$72(75) \times B \times 0.6$<br>$102(100) \times B \times 0.7$<br>$152(150) \times B \times 0.7$<br>$B \geqslant 35$ |
| | 通贯龙骨 | | $A \times B \times t$<br>$38 \times 12 \times 1.0$ |

### 2. 分类

按照墙体结构形式可分为普通标准隔墙、井道隔墙、Z型龙骨隔声隔墙、贴面墙等。按照龙骨体系分为有贯通龙骨体系和无贯通龙骨体系。按照墙体功能可分为普通标准隔墙、不同等级耐火隔墙、潮湿环境使用的耐水隔墙及耐水耐火隔墙、气体灭火间使用的耐高压气爆墙、特殊要求的双层隔声墙等。按照隔墙的外形分为普通隔墙、曲面墙、倾斜墙、超高墙等。

### 3. 构造做法

轻钢龙骨隔墙的功能与构造密切相关，应根据不同的使用环境和要求来确定隔墙的结构形式。据此来选用不同规格的龙骨、面板、配件。

普通龙骨隔墙竖龙骨间距通常采用 600mm、400mm、300mm，不同的龙骨厚度和规格使隔墙有不同的高度限制和变形量，龙骨体系的选用可参照图集 07CJ03-1《轻钢龙骨石膏板隔墙、吊顶》。选用贯通龙骨体系的，隔墙 3m 以下加一根贯通龙骨，3～5m 加两根，5m 以上加三根。在板与板横向接缝处设置横撑龙骨或安装板带。如图 5-20、图 5-21 所示。

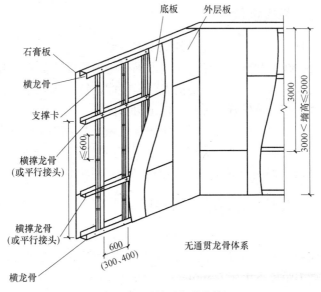

底板　　外层板

石膏板

横龙骨

支撑卡

横撑龙骨
(或平行接头)

横撑龙骨
(或平行接头)

横龙骨

≤600

600
(300、400)

3000

3000＜墙高≤5000

无通贯龙骨体系

图 5-20　无贯通龙骨墙体

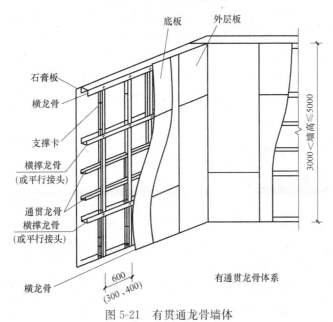

底板　　外层板

石膏板

横龙骨

支撑卡

横撑龙骨
(或平行接头)

通贯龙骨

横撑龙骨
(或平行接头)

横龙骨

600
(300、400)

3000＜墙高≤5000

有通贯龙骨体系

图 5-21　有贯通龙骨墙体

## 5.2.2　弹线定位

龙骨施工时，应按龙骨的宽度在隔墙与上、下及两边基体的相接处弹线。弹线应清楚，位置准确。应根据设计要求，结合罩面板的长、宽分档，确定竖向龙骨、横撑龙骨、钢带或其他部件的位置。在墙体位置上弹线，标出门窗位置。

当有防潮、防水要求时，应按设计做 C20 细石混凝土导墙。应先对楼地面基层进行清理，并涂刷 YJ302 型界面处理剂一道。浇筑 C20 素混凝土导墙，上表面应平整，两侧面应垂直。

## 5.2.3　龙骨与建筑结构的连接

在楼板和地板上固定沿顶水平龙骨、沿地水平龙骨，可采用射钉或膨胀螺栓固定。两个相邻固定点间距不应大于 600mm，且距端头距离不大于 50mm。

当与钢结构梁柱连接时，宜采用 M8 短周期外螺纹螺柱焊接，短周期焊接时间约为 0.1s，用时短，对钢结构变形影响小，焊接效果好。间距与使用膨胀螺栓相同，固定点距龙骨端部 ≤5cm。

轻钢龙骨与建筑基体表面接触处，应在龙骨接触面的两边各粘贴一根通长的橡胶密封条。或根据设计要求采用密封胶或防火封堵材料，如图 5-22、图 5-23 所示。

## 5.2.4　龙骨安装

### 1. 安装竖龙骨

（1）按设计确定的间距就位竖龙骨，或根据罩面板的宽度尺寸而定。

（2）罩面板材较宽者，应在其中间加设一根竖龙骨，竖龙骨中距最大不应超过 600mm。

（3）隔断墙的罩面层重量较大时（如贴瓷砖）的竖龙骨中距，应以不大于 400mm 为宜。

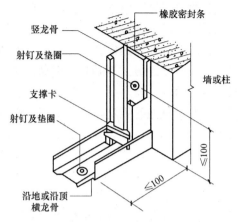

图 5-22  沿地（顶）及沿边龙骨的固定

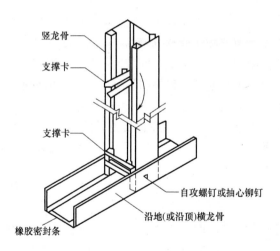

图 5-23  竖龙骨与沿地（顶）横龙骨的固定

（4）隔断墙体的高度较大时，其竖龙骨布置也应加密。墙体超过 6m 高时，可采取架设钢架加固等方式。

（5）由隔断墙的一端开始排列竖龙骨，有门窗者要从门窗洞口开始分别向两侧排列。当最后一根竖龙骨距离沿墙（柱）龙骨的尺寸大于设计规定时，必须增设一根竖龙骨。

（6）将竖龙骨推向沿顶、沿地龙骨之间，翼缘朝罩面板方向就位，龙骨开口方向一致。龙骨的上、下端如为钢柱连接，均用自攻螺钉或抽心铆钉与横龙骨固定。

按照沿顶、地龙骨固定方式把边框龙骨固定在侧墙或柱上。靠侧墙（柱）100mm 处应增设一根竖龙骨，罩面板板固定时与该竖龙骨连接，不与边框龙骨固定，以避免结构伸缩产生裂缝。

（7）当采用有冲孔的竖龙骨时，其上下方向不能颠倒，竖龙骨现场截断时一律从其上端切割，并应保证各条龙骨的贯通孔高度必须在同一水平。竖龙骨长度应比实际墙高短 10～15mm，保证隔墙适应主体结构的沉降和其他变形。天地龙骨和竖龙骨之间不宜先行固定，以便在罩面板安装时可适当调整，从而适合石膏板尺寸的允许误差。

（8）当石膏板封板需预留缝隙来做缝隙处理时，应先考虑龙骨间距根据预留缝隙作调整分档。

（9）门窗洞口处的竖龙骨安装应依照设计要求，采用双根并用或是扣盒子加强龙骨。如果门的尺度大且门扇较重时，应在门框外的上下左右增设斜撑。

**2. 安装通贯龙骨（采用有通贯龙骨的隔墙体系时）**

（1）通贯横撑龙骨的设置：低于 3m 的隔断墙安装 1 道；3～5m 高度的隔断墙安装 2～3 道。

（2）对通贯龙骨横穿各条竖龙骨进行贯通冲孔，需接长时应使用配套的连接件，如图 5-24 所示。

（3）在竖龙骨开口面安装卡托或支撑卡与通贯横撑龙骨连接锁紧，根据需要在竖龙骨背面可加设角托与通贯龙骨固定，如图 5-25 所示。

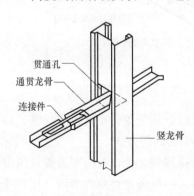

贯通孔
通贯龙骨
连接件
竖龙骨

图 5-24　贯通龙骨配套连接件的使用

（4）采用支撑卡系列的龙骨时，应先将支撑卡安装于竖龙骨开口面，卡距为 400～600mm，距龙骨两端的距离为20～25mm。

**3. 安装横撑龙骨**

（1）隔墙骨架高度超过 3m 时，或罩面板的水平方向板端（接缝）未落在沿顶沿地龙骨上时，应设横向龙骨。

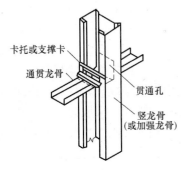

图 5-25　贯通龙骨配套支撑卡的使用

（2）选用 U 型横龙骨或 C 型竖龙骨作横向布置，利用卡托、支撑卡（竖龙骨开口面）及角托（竖龙骨背面）与竖向龙骨连接固定，如图 5-26 所示。

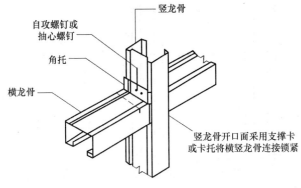

图 5-26　横撑龙骨与竖龙骨

（3）有的系列产品，可采用其配套的金属安装平板作竖龙骨的连接固定件。

**4. 门窗洞口处理**

（1）门、窗洞口处应沿洞口增加附加龙骨，开口背向门、窗洞。沿地水平龙骨在门洞位置断开。门、窗洞上槛用水平龙骨制作，在上槛与上水平龙骨间插入竖龙骨，其间距应比隔墙的其他

119

竖龙骨加密，门、窗宽度大于1800mm应采取加固措施。

（2）在门、窗洞口两侧竖向边框150mm处增设加强竖龙骨。

（3）门框制作应符合设计要求，一般轻型门扇（35kg以下）的门框可采取竖龙骨对扣中间加木方的方法制作；重型门根据门重量的不同，采取架设钢支架加强的方法，注意避免龙骨、罩面板与钢支架刚性连接，如图5-27所示。

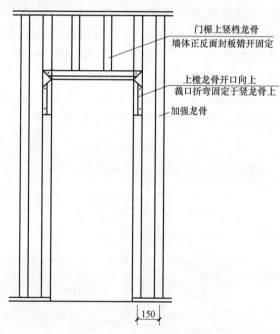

图5-27　门洞口龙骨做法

（4）有隔声要求的隔墙上不宜开设窗洞，开设门洞时，门应采用符合隔声要求的门，门与门框接触位置宜安装隔声密封条。

（5）电线槽等直径不大于160mm的小型管道在架设时，可在石膏板表面切割，管道与石膏板之间应填充岩棉，洞口表面应留有5mm空隙，以建筑密封膏接缝，管线应在隔墙龙骨内穿管架设并有效固定电源插孔线盒应固定于龙骨之上，如图5-28所示。线管穿过竖龙骨尽量通过竖龙骨预冲孔，受限制需将竖龙骨切口时应采取措施加固龙骨；接线盒周围应按设计要求在盒周围设置隔离框，如图5-29所示。

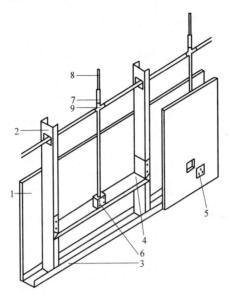

图 5-28　石膏板隔墙开孔示意图

1—纸面石膏板；2—竖龙骨；3—沿地龙骨；4—水平龙骨作横撑；5—电源插孔线盒面板；6—电源插孔线盒；7—PVC电线管；8—电线；9—管卡

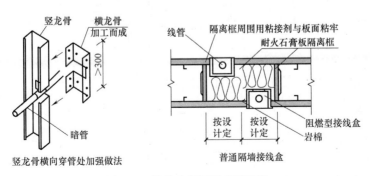

图 5-29　接线盒周围隔离框示意

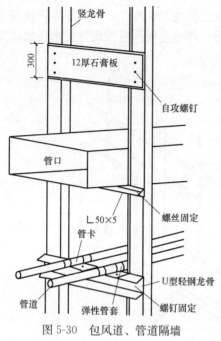

（6）直径大于160mm的大型管道在架设时，应在洞口周围附加竖龙骨加以固定。空调风管在架设时，管道应用弹性套管固定于轻钢龙骨上，洞口表面应留有 5mm 空隙，以建筑密封膏接缝，表面覆以耐火纸面石膏板。

风管管道穿过隔墙时，管径小于竖龙骨间距的，其布置如图 5-30 所示；管径大于竖龙骨间距的，应加设附加龙骨边框加固，其布置如图 5-31 所示。

图 5-30　包风道、管道隔墙

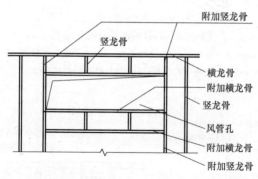

图 5-31　管道口龙骨布置

# 6 金属饰面及金属格栅吊顶

金属饰面板吊顶是指将各种成品金属饰面与龙骨固定，饰面板面层不再做其他装饰，此类吊顶一般包括金属条板吊顶、金属方板吊顶、金属条片吊顶、金属蜂窝吊顶等。将成品金属饰面板卡在龙骨上或用转接件与龙骨固定。龙骨可采用轻钢龙骨、铝合金龙骨，本章主要介绍铝合金龙骨金属饰面板吊顶。

金属格栅吊顶是用不同造型的单元体和单元体组合而成，并将单元体与照明（自然采光或人工照明）结合布置，也称为开敞式吊顶。其材质以铝合金材料为主，也有木质及塑料基材的，具有安装简单，防火等优点，多用于超市及食堂等较宽阔的空间。

## 6.1 铝合金龙骨的安装

铝合金龙骨是指以铝合金为原料，采用挤压成型或滚压成型工艺制成的龙骨。铝合金龙骨常与活动面板配合使用，其主龙骨多采用 U60、U50、U38 系列及厂家定制的专用龙骨，其次龙骨则采用 T 型及 L 型的合金龙骨，次龙骨主要承担着吊顶板的承重功能，又是饰面吊顶板装饰面的封、压条。铝合金龙骨因其材质特点不易锈蚀，但刚度较差容易变形。

铝合金吊顶龙骨一般多为 T 型，根据其罩面板安装方式的不同，分龙骨底面外露和不外露两种。LT 型铝合金吊顶龙骨属于安装罩面板后龙骨底面外露的一种。这种龙骨配以轻钢龙骨，可组成上人或不上人的吊顶，如图 6-1 所示。

### 6.1.1 测量放线定位

（1）在结构基层上，按设计要求弹线，确定主龙骨吊点间距

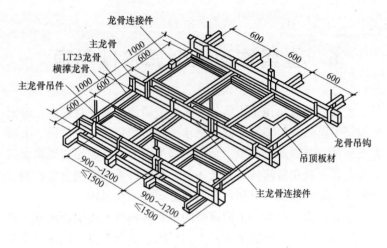

图 6-1　LT 型铝合金龙骨吊顶

及位置。主龙骨端部或接长部位要增设吊点。有些较大面积的吊顶（如音乐厅、比赛厅等），龙骨和吊点间距应进行单独设计和验算。

确定吊顶标高：在墙面和柱面上，按吊顶高度要求弹出标高线。弹线应清楚，位置准确，其水平允许偏差±5mm。

（2）按位置弹出标高线后，沿标高线固定角铝（边龙骨），角铝的底面与标高线齐平。角铝的固定方法可以水泥钉直接将其钉在墙、柱面或窗帘盒上，固定位置间隔为 400～600mm。

（3）龙骨的分格定位，应按饰面板尺寸确定，其中心线间距尺寸，一般应大于饰面板尺寸 2mm 左右。

龙骨的分格应尽量保证龙骨分格的均匀，但也会出现不可能完全按龙骨分格尺寸等分，因此会出现非标准尺寸（称收边分格）的处理问题，处理方法有以下两种：

1）将收边分格放在吊顶（以一个房间为例）四周。

2）将收边分格放在不被人注意的次要部位。

（4）龙骨分格的安排确定后，将定位的位置画在墙上。

## 6.1.2 吊件的固定

铝合金龙骨吊顶的吊件，可使用膨胀螺钉或射钉固定角钢块，通过角钢块上的孔，将吊挂龙骨用的镀锌铁丝绑牢在吊件上。镀锌铁丝不能太细，如使用双股，可用 18 号铁丝，如果用单股，宜使用不小于 14 号铁丝。

也可以用伸缩式吊杆。伸缩式吊杆的型式较多，较为普遍的是 8 号铁丝调直，用一个带孔的弹簧钢片将两根铁丝连接起来，调节与固定主要是靠弹簧钢片。用力压弹簧钢片时，将弹簧钢片两端的孔中心重合，吊杆就可伸缩自由。当手松开后，孔中心错位，与吊杆产生剪力，将吊杆固定。其形状如图 6-2 所示。

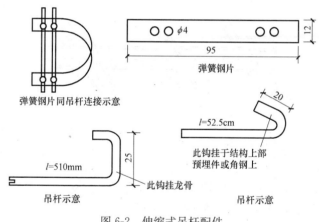

图 6-2 伸缩式吊杆配件

## 6.1.3 龙骨的安装与调平

安装时先将各条主龙骨吊起后，在稍高于标高线的位置上临时固定，如果吊顶面积较大，可分成几个部分吊装。然后在主龙骨之间安装次（中）龙骨（横撑），横撑的截取长度等于龙骨分格尺寸。一般用刨光的木方或铝合金条按龙骨间隔尺寸做出量规，作为龙骨分格定位，截取和安装横撑的依据。

主龙骨与横撑龙骨的连接方式通常有三种：

（1）在主要龙骨上部开半槽，在次龙骨的下部开出半槽，并在主龙骨半槽两侧各打出一个 φ3 的圆孔，如图 6-3 所示。安装时将主、次龙骨半槽上接起来，然后用 22 号细铁丝穿过主龙骨上的小孔，把次龙骨扎紧在主龙骨上。注意龙骨上的开槽间隔尺寸必须与龙骨架分格尺寸一致。安装方法，如图 6-4 所示。

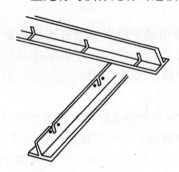

图 6-3　主次龙骨开槽方法

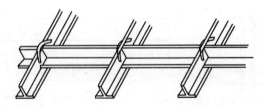

图 6-4　龙骨安装方法（一）

（2）在分段截开的次龙骨上用铁皮剪刀剪出连接耳，在连接耳上打孔，通常打 φ4.2 的孔可用 φ4 铝铆钉固定或打 φ3.8 的孔用 M4 自攻螺钉固定，连接耳形式，如图 6-5 所示。安装时将连接耳弯成 90°直角，在主龙骨上打出相同直径的小孔，再用自攻螺钉或铝芯铆钉将次龙骨固定在主龙骨上，如图 6-6 所示。

图 6-5　次龙骨连接耳做法

（3）在主龙骨上打出长方孔，两长方孔的间隔距离为分格尺寸。安装前用铁皮剪刀剪出中（次）龙骨上的连接耳。安装次龙骨时只要将次龙骨上的连接耳插入主龙骨上长方孔，再弯成 90°即可。每个长方孔内可插入两个连接耳。安装形式，如图 6-7 所示。

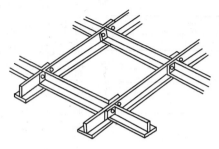

图 6-6　龙骨安装方法（二）

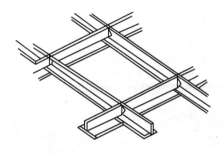

图 6-7　龙骨安装方法（三）

## 6.2　金属饰面板安装

### 6.2.1　金属条板安装

金属饰面板是以不锈钢板、防锈铝板、电化铝板、镀锌板等为基板，进行进一步的深加工而成。常见的有金属方板、金属条板、金属造型板等。金属条板常见板型，如图 6-8 所示。宽度为 100mm、150mm、200mm、300mm、600mm 等多种条形扣板；一般用卡具将饰面板卡在龙骨上。

（1）金属条板的安装，应根据设计选用的不同形式的条板及龙骨采取不同的安装方法，但都必须从一个方向开始，依次进行

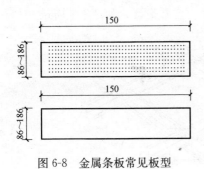

图 6-8　金属条板常见板型

安装。

通常龙骨本身的下端带有卡具。安装条板时，将条板托起后，使其一端对准位置压入卡具下端内（卡脚部位），这时，条板即已张开，顺势可将其余部分推压入卡脚，如图 6-9 所示。

（2）有穿孔和花色处理的条板，在安装板时，应注意组合与排列。

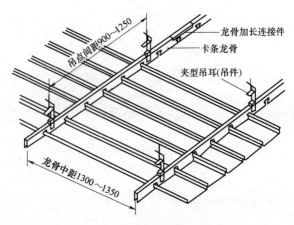

图 6-9　金属条板安装示意图

（3）当吊顶上有吸声、隔热等材料时，必须按设计要求放置。如设计只要求厚度，无方法和具体位置要求时，宜放置在板条上面，满铺满放。

（4）金属板必须按设计要求准确切割。对切口有毛边等缺陷，应用细锉刀修理平整，并用与条板相同色泽的粘结剂，对接口部位进行密合处理。

（5）对风口、检查口及条板与墙（柱面）端面交接部位，宜用与条板相同色泽的铝边角封口，不得显露白茬。

当涉及如风口、烟感器及自动喷淋等设备与吊顶表面衔接时，甩茬管道应在龙骨、板面调平后再进行接头。

## 6.2.2 金属方板安装

铝板、铝塑板等金属方板规格一般为 100mm×100mm、150mm×150mm、200mm×200mm、600mm×600 等多种，安装时，将面板直接搁于龙骨上，并应注意板背面的箭头方向和白线方向一致，以保证花样、图案的整体性。金属方板常见板型，如图 6-10 所示。

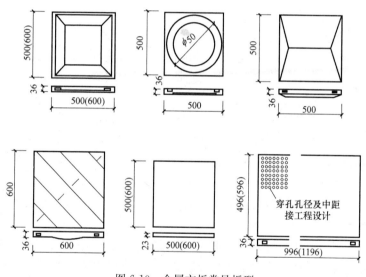

图 6-10  金属方板常见板型

金属方板的安装，基本与金属条板的安装相同，由于板块形状不同，还要注意以下几点：

（1）对板块的选择。对不同排列和组合作为装饰用的金属方板均应按设计要求查对型号、数量、规格、尺寸，如采用吊钩悬挂式的块板时，要检查吊钩与龙骨是否配套，板块侧面的小孔位置、直径是否与吊钩相符。

（2）安装时，应按设计要求弹好的板块安装布置线，应从一个方向开始依次安装。如果采用吊钩悬挂式时，先将吊钩与龙骨连接固定，然后再钩住板块侧边的小孔。如用自攻螺钉固定时，应按位置准确钻出孔位后，再上螺钉。

（3）细部处理，当四周靠墙面的边缘部位尺寸，不符合方形板模数时，应由设计单位确定封边处理方法。

## 6.3 金属格栅安装

### 6.3.1 常见板型

金属格栅常见形式，如图 6-11 所示。规格一般为 100mm×100mm、150mm×150mm、200mm×200 等多种方形格栅。

一般用卡具将饰面板卡在龙骨上。详如图 6-12、图 6-13。

### 6.3.2 安装要点

（1）施工前应对安装吊顶楼（屋）面的结构、构造（包括预埋件）及尺寸，进行全面检查。安装在吊顶标高以上的各专业设备、线路及管道必须安装完（包括试压调试）。

（2）基体处理。开敞式吊顶标高以上部位，应按设计要求的色泽，进行涂刷处理。

（3）放线。按设计要求的标高及吊挂点弹出吊顶的安装控制水平线和吊挂点位，做法与金属条状板吊顶安装要求相同。开敞式吊顶要分片安装，可按设计要求和实际吊挂点的位置，吊顶结构形式、大小及刚度，确定分片的大小和位置，以便在地面先进行组装，或同时作饰面处理。

（4）单体构件拼装。设计所选用的金属格栅吊顶，一般均为统一标准系列。因此，单体构件的拼装，应按该系列产品说明，将预拼安装的单体构件采用指定的插接、挂线或榫接的方法进行拼装。

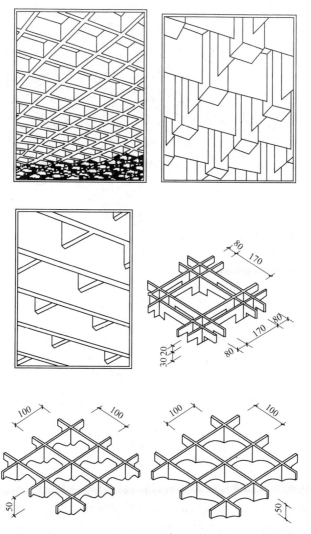

图 6-11 金属格栅常见形式

（5）吊杆固定。参见 6.1 中相关内容。

（6）吊顶安装。在制作单体构件时，对安装所需孔洞及卡具连接应同时完成。安装时，应从端部的墙角开始，将连成分片的

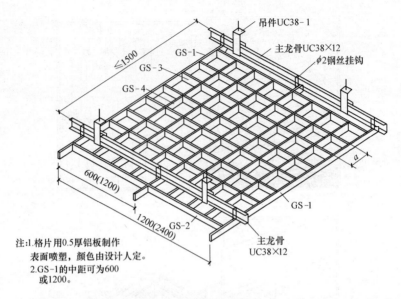

注:1.格片用0.5厚铝板制作
　　表面喷塑，颜色由设计人定。
　　2.GS-1的中距可为600
　　或1200。

图 6-12　金属格栅吊顶

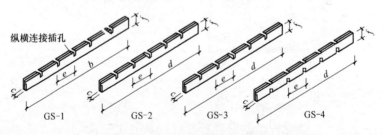

图 6-13　格栅吊顶构件节点图

吊顶托起，其高度应略高于设计标高，随即将其临时固定。

按控制水平线拉纵横通线，据此对分片吊顶进行调平，经核对后即可固定。吊顶分片间相互连接时，应将两个分片再一次拉线调平，将拼线处对齐后再行固定。

吊顶分片安装时，应按设计要求起拱，联成整体后，按控制水平线逐片拉出纵横交叉的通线，以便对吊顶进行总体调平（包括起拱）。同时检查各单体在安装中受损、变形、布局是否符合设计。

# 7  墙（柱）金属饰面

金属饰面多用于公共建筑的墙面、柱面装饰，金属饰面常见构造做法如图 7-1 所示。

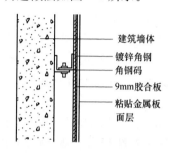

角钢9mm胶合板基层金属板粘贴

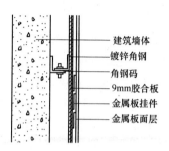

角钢9mm胶合板基层金属板挂装

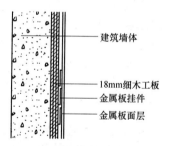

细木工板金属板挂装

图 7-1  金属饰面构造做法

## 7.1  金属饰面常用板材

### 7.1.1  彩色涂层钢板

彩色涂层钢板多以热轧钢板和镀锌钢板为原板，表面层压贴聚氯乙烯或聚丙烯酸醋环氧树脂、醇酸树脂等薄膜，亦可涂覆有机、无机或复合涂料，具有耐腐蚀、耐磨等性能。其中塑料复合钢板，可用做墙板、屋面板等。

塑料复合钢板厚度有 0.35、0.4、0.5、0.6、0.7、0.8、1.4、1.5、2.0（mm）；长度有 1800、2000（mm）；宽度有 450、500、1000（mm）。

## 7.1.2 彩色不锈钢板

彩色不锈钢板是在不锈钢板材上进行技术和艺术加工，使其成为各种色彩绚丽、光泽明亮的不锈钢板。颜色有蓝、灰、紫、红、茶色、橙、金黄、青、绿等，其色调随光照角度变化而变幻。

彩色不锈钢板面层的主要特点：能耐 200℃ 的温度；耐盐雾腐蚀性优于一般不锈钢板；耐磨、耐刻画性相当于薄层镀金性能；弯曲 90°彩色层不损坏；彩色层经久不褪色。适用于高级建筑中的墙面装饰。

彩色不锈钢板厚度有 0.2、0.3、0.4、0.5、0.6、0.7、0.8（mm）；长度有 1000～2000（mm）；宽度有 500～1000（mm）。

不锈钢彩板配套件还有：槽形、角形、方钢管、圆钢管等型材。

## 7.1.3 镜面不锈钢饰面板

该板是用不锈钢薄板经特殊抛光处理而成。该板光亮如镜，其反射率、变形率与高级镜面相似，并具有耐火、耐潮、耐腐蚀、不破碎等特点。

该板用于高级公用建筑的墙面、柱面以及门厅的装饰。其规格尺寸有 400×400，500×500，600×600，640×1200（mm×mm），厚度为 0.3～0.6（mm）。

## 7.1.4 铝合金板

装饰工程中常用的铝合金板，从表面处理方法分：有阳极氧化及喷涂处理；从色彩分：有银白色、古铜色、金色等；从几何尺寸分：有条形板和方形板，方形板包括正方形、长方形等。用于高层建筑的外墙板，一般单块面积较大，刚度和耐久性要求较高，因而板要适当厚些。已经生产应用的铝合金板有以下品种：

（1）铝合金花纹板：铝合金花纹板是用防锈铝合金等材料，由特制的花纹轧棍轧制而成。这种板材不易磨损，耐腐蚀，易冲洗，防滑性好，通过表面处理可以得到不同的色彩。多用于建筑物的墙面装饰。

（2）铝质浅花纹板：铝质浅花纹板的花饰精巧，色泽美观，除具有普通铝板共同的优点外，其刚度约提高 20％，抗划伤、擦伤能力较强，对白光的反射率达 75％～90％，热反射率达 85％～95％，是我国特有的建筑金属装饰材料。

（3）铝及铝合金波纹板：铝及铝合金波纹板既有良好的装饰效果，又有很强的反射阳光能力，其耐久性可达 20 年，如图 7-2 所示。

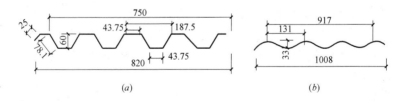

图 7-2　铝及铝合金波纹板

（a）压型板；（b）波纹板

（4）铝及铝合金压型板：铝及铝合金压型板具有重量轻、外形美观、耐腐蚀、耐久、容易安装等优点，也可通过表面处理得到各种色彩。主要用于建筑物的外墙和屋面等，也可做成复合外墙板，用于工业与民用建筑的非承重挂板，如图 7-3 所示。

（5）铝合金装饰板：铝合金装饰板具有强度高、重量轻、结构简单、拆装方便、耐燃防火、耐腐蚀等优点，可用于内外墙装饰及吊顶等。选用阳极氧化、喷塑、烤漆等方法进行表面处理，

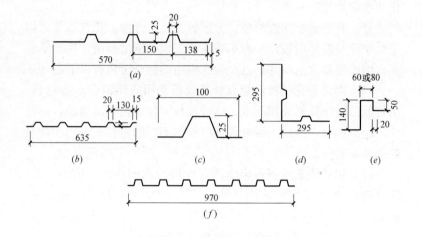

图 7-3 铝及铝合金压型板

(*a*) 1 型压型板；(*b*) 2 型压型板；(*c*) 6 型压型板；
(*d*) 7 型压型板；(*e*) 8 型压型板；(*f*) 9 型压型板

有木色、古铜、金黄、红、天蓝、奶白等颜色。

（6）铝蜂窝装饰板：铝蜂窝板主要选用合金铝板或高锰合金铝板为基材，面板厚度为 0.8～1.5mm 氟碳滚涂板或耐色光烤漆，底板厚度为 0.6～1.0mm，总厚度为 25mm。芯材采用六角形铝蜂窝芯，铝箔厚度 0.04～0.06mm，边长 5～6mm，质轻、强度高、刚度大。具有相同刚度的蜂窝板重量仅为铝单板的1/5，钢板的 1/10，相互连接的铝蜂窝芯就如无数个工字钢，芯层分布固定在整个板面内，使板块更加稳定，其抗风压性能大大超于铝塑板和铝单板，并具有不易变形，平面度好的特点，即使蜂窝板的分格尺寸很大。也能达到极高的平面度，是目前建筑业首选的轻质材料。

## 7.1.5　塑铝板

塑铝板系以铝合金片与聚乙烯复合材复合加工而成。塑铝板基本上可分为镜面塑铝板、镜纹塑铝板和塑铝板（非镜面）三种，其基本构造，如图7-4所示，性能特点参见表7-1。

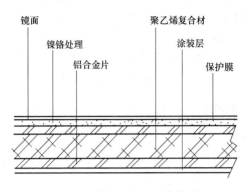

图 7-4　高级塑铝板基本构造

**塑铝板的装修性能特点**　　　　　　　　　　　　表 7-1

| 项目 | 特点 |
|------|------|
| 质轻 | 塑铝板一般规格为 3mm×1220mm×2440mm，每张仅重 11.5kg。因此对大面积装修施工来说，非常有利。可大大地节约工作时间，提高工效，缩短周期 |
| 耐冲击 | 塑铝板系由铝合金片、聚乙烯复合材加工而成，材质坚韧，具有一定的耐冲击性能。用以代替镜面玻璃装修墙面、顶棚，可克服玻璃易碎等缺点 |
| 防水、防火 | 塑铝板本身为不吸水材料，表层铝片为不燃材料，故有一定的防水、防火性能。可提高装修面的防水能力及燃烧性能等级 |
| 耐候耐久 | 塑铝板表层铝片系以强硬的镍铬元素处理而成，故具有一定的耐候性。用以装饰墙面、顶棚，由于它耐候性好，故装修面可持久不坏，颜色、光亮均耐久不变 |
| 易加工 | 塑铝板不同于镜面玻璃，可用手动或电动工具进行弯曲、开口、切削、切断，易于加工。用以装修各种墙面、顶棚，不论墙面几何形体如何复杂，均可加工制作。这一特点是镜面玻璃所无法相比的 |
| 装饰效果好 | 塑铝板不论是镜面板、镜纹板，还是非镜面塑铝板。用以装修墙面、顶棚，均能达到光洁明亮、富丽堂皇、美观大方的特殊装饰效果 |

## 7.2 墙面铝合金饰面板安装

一般在室内吊顶、隔墙、抹灰、涂饰等分项工程完成后进行安装，安装现场应保持整洁，有足够的安装距离和光线。

### 7.2.1 板材加工

（1）按设计要求对铝板进行折板、冲孔和表面加工。

（2）进行预安装，成功后再卸下登记编号，然后进行表面处理。

（3）表面进行氟碳树脂处理时应注意氟碳树脂含量不应低于75%；氟碳树脂涂层应无起泡、裂纹、剥落等现象。采用表面喷涂的应严格按喷涂程序做好色彩的调配、喷涂、包装等。色彩处理时应一次性加工成功，否则容易产生色差。

### 7.2.2 骨架安装

（1）按照设计图纸和现场实测尺寸，确定金属板支承骨架的安装位置。查核和清理结构表面连接骨架的预埋件，或按技术方案设后置埋件。

（2）根据控制轴线、水平标高线，弹出金属板安装的基准线（包括纵横轴线和水准线）。

（3）基层必须牢固、平整。预埋件、连接件的数量、规格、位置、连接方法必须符合设计要求。

（4）饰面板采用木骨架时，应选用干燥、不变形、不开裂的木材、木质多层板、细木工板、中密度纤维板等，应与基层安装牢固，拼接处应平直，尺寸、平整度符合设计要求。

（5）饰面板的骨架采用钢结构时，应选用符合设计要求的型钢，焊接牢固，经焊接验收合格后，做表面防锈处理；有防火要求时，应刷防火涂料处理。

（6）采用其他材料作为饰面板的骨架时，应满足牢固、平整和相应的设计要求。

（7）安装固定骨架的连接件：骨架的横竖杆件是通过连接件与结构固定的。而连接件与结构之间，可以同结构预埋件焊牢，也可在墙上打膨胀螺栓。无论哪种固定法，都要尽量减少骨架杆件尺寸误差，保证其位置的准确性。

（8）固定骨架：骨架应预先进行防腐处理。安装骨架位置要准确，结合要牢固。

（9）骨架安装完毕，应对中心线、表面标高等，作全面的检查。

### 7.2.3 外墙铝合金饰面板安装

外墙铝合金饰面板多将板条或方板用螺钉或铆钉固定到支承骨架上，铆钉间距以 100～150mm 为宜；铝合金饰面板条一般宽≤150mm，厚度＞1mm，标准长度为 6m。经氧化镀膜处理。板条通过焊接型钢骨架用膨胀螺栓连接或连接铁件连接，与建筑主体结构上的预埋件焊接固定。

当饰面面积较大时，焊接骨架可按板条宽度增加布置型钢横、竖肋杆，一般间距以≤500mm 为宜，此时铝合金板条用自攻螺钉直接拧固在骨架上。此种板条的安装，由于采用后条扣压前条的构造方法，可使前块板条安装固定的螺钉被后块板条扣压遮盖，从而达到使螺钉全部暗装的效果，既美观，又对螺钉起保护作用。

安装板条时，可在每块条板扣嵌时留 5～6mm 空隙形成凹槽，增加扣板起伏，加深立面效果。安装构造如图 7-5 所示。

安装时应根据编号，按顺序用螺钉拧紧在原安装部位，施工人员应戴手套操作，避免上下搬动时与脚手架或其他坚硬物体碰撞，避免尖硬金属件刮伤饰面板表面，在安装前应保存饰面板上的保护膜。

### 7.2.4 内墙铝合金饰面板安装

内墙铝合金饰面板多将板条卡在特制的支承龙骨上，这种方

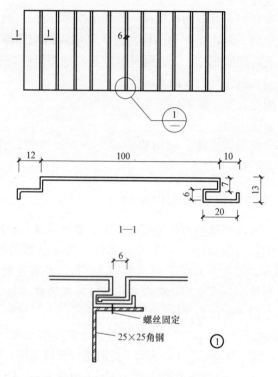

图 7-5　铝合金条板固结示意图

法用于高度不大、风压较小的建筑。

　　具体做法是将饰面板做成可嵌插形状（图 7-6），与用镀锌钢板冲压成型的嵌插母材——龙骨嵌插，再用连接件将龙骨与墙体锚固。

　　安装可从中间向两侧展开，也可从主侧面向次侧面展开。铝板上钻孔应在安装前放在平整的木垫上进行，这样不易变形破坏整体平整度。

## 7.2.5　板缝打胶及成品保护

　　（1）铝板安装应保持缝槽统一，板与板之间的间隙，一般为

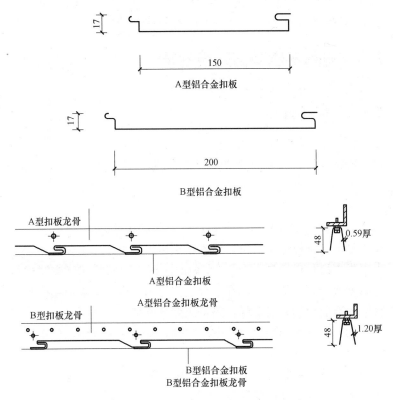

图 7-6　铝合金条板嵌卡（扣结）示意图

10～20mm，并用橡胶条或密封胶等弹性材料处理。

（2）打胶前，应对缝槽两侧作封闭处理，可用美纹纸遮挡，缝槽深的应用泡沫嵌条塞紧，保持 5mm 深的勾缝。

（3）打胶时用力要均匀，行走要自然，接口要吻合，不得堆积、漏打。

（4）打完后用略宽于缝隙宽度的木制（或塑料）工具将多余的胶液刮掉，使胶缝自然平直。

（5）胶水凝固后将遮挡的美纹纸轻轻撕掉，并进行一次检查，对漏打或缺陷的缝槽作细微的整理。

（6）铝合金饰面板安装完毕，在易于被污染的部位，要用塑料薄膜覆盖保护；易碰、划部位，应设安全防护。

# 7.3　墙面不锈钢饰面板安装

## 7.3.1　板材加工

（1）不锈钢饰面板加工前应认真核对产品的型号、规格、厚薄，不锈钢板材表面的保护膜应保持完整，各类板材、型材无破损、无划痕、无变形、无凹陷。

（2）加工中的卷、折、剪、焊应对照设计要求和基础尺度，在饰面板表面划线后进行。对设计有特殊要求的应增加加工工序，如不锈钢板清角折板，因不锈钢板折板后会产生弧形角，可以事先在板材里侧刨大于90°直角的凹槽，凹槽的深度应视板材的厚度而定，一般应控制在三分之二之内。应避免表面划伤和重物坠落造成变形，表面保护膜不应轻易撕掉。

（3）发纹不锈钢板因有纹理方向，在加工剪裁中应根据设计要求，注意纹理方向。

（4）不锈钢饰面板加工应在专用切板机、折板机上一次完成，尺寸、裁切要严格控制精度。

（5）在采购、搬运、储存、加工过程中应轻拿轻放，并堆放在平整的木板垫上，应避免坚硬物件挤压，以免不锈钢材受到损伤。

## 7.3.2　骨架安装

参见7.2中相关内容。

## 7.3.3　不锈钢板的安装

### 1. 不锈钢板的粘贴

（1）面板的背面和基层板上涂刷快干型粘结剂，涂刷应均匀、平整，无漏刷。

（2）掌握粘结剂的使用干燥时间，然后进行粘贴，粘贴时用力要均匀，饰面板到位后，可用木块垫在饰面板上轻轻敲实粘牢，使板材下的空气排除。

（3）接缝处应将连接处保护膜撕起，对接应密实、平整、无错位、无叠缝；在胶水凝固前可作细微调整，并用胶带纸、绳等辅助材料帮助固定，但不能随意撕移与变动。

（4）对渗出多余的胶液应及时擦除，避免玷污饰面板表面。

（5）室内温度低于5℃时，不宜采用粘结剂粘结的安装方法安装，严禁用明火灯具烘烤粘结剂，以免引起火灾。

**2. 不锈钢板的铆接、扣接**

（1）不锈钢饰面板边缘应平直、不留毛边，留缝应符合设计要求。

（2）铆接的连接件应完整，扣接的弧形、线条应扣到基层面，装饰面不宜留较大宽度的空隙；不锈钢饰面板局部受力后容易变形，安装时应整体受力。

（3）铆接、扣接必须牢固、平整、光泽一致。

**3. 不锈钢板的焊接**

（1）焊接后的打磨抛光应仔细，应保持表面平整无缺陷，接头应尽量安排在不明显的部位。

（2）焊缝坡口。对于厚度在2mm以下的不锈钢板的焊接，当焊缝要求不是十分严格时，一般均不开坡口，而采用平剖口对接的方式。当要求焊缝开坡口时，应在不锈钢板的安装之前进行。

（3）焊缝区的清除。无论是平剖口还是坡口焊缝，都必须进行彻底的脱脂和清洁。脱脂一般采用三氯代乙烯、汽油、苯、中性洗涤剂或其他化学药品来完成。必要时，还应采用砂轮机进行打磨，以使金属表面露出来。

（4）固定铜质压板。在焊接前，为了防止不锈钢薄板的变形，在焊缝的两侧固定铜质（或钢质）压板。

（5）焊接方法采用手工电弧焊和气焊为宜，而气焊适用于厚度 1mm 以下的焊接。手工电弧焊用于不锈钢薄板的焊接，但应采用较细（<$\phi$3.2mm）的焊条及较小的焊接电流进行焊接。

表 7-2 是奥氏体系不锈钢薄板的焊接工艺参数，也可作为其他不锈钢焊接时参考。

奥氏体系不锈钢薄板焊接工艺参数　　　　表 7-2

| 板厚（mm） | 焊接层数 | 焊条直径（mm） | 焊条消耗量（kg/m） | 焊接电流（A） | | 电弧电压（V） |
|---|---|---|---|---|---|---|
| | | | | 平焊和横焊 | 垂直焊和仰焊 | |
| 0.40 | 1 | 1.2 | — | — | — | — |
| 0.55 | 1 | 1.2 | 0.07 | 8～15 | 8～15 | 17～19 |
| 0.80 | 1 | 1.2 | 0.09 | 15～35 | 15—25 | 18～21 |
| 1.60 | 1 | 1.6 | 0.15 | 30～60 | 25～40 | 20～23 |
| 2.00 | 1 | 2.5 | 0.27 | 50～100 | 45～65 | 22～25 |

（6）当焊缝表面没有太大的凹痕及凸出于表面的粗大焊珠时，可直接进行抛光。当表面有凸出的焊珠时，可先用砂轮机磨光，然后再换用抛光轮进行抛光处理，以便将焊缝区加工成光滑洁净的表面，使焊接缝的痕迹不很显眼。

### 7.3.4　板缝打胶及成品保护

参见 7.2 中相关内容。

## 7.4　柱面不锈钢饰面板安装

### 7.4.1　不锈钢圆柱包面施工

#### 1. 柱体成型（混凝土柱）

（1）在混凝土浇筑时，应预埋固定钢质或铜质冷却垫板。当不锈钢板的厚度≤0.75mm 时，可在混凝土柱的一侧埋设垫板；当不锈钢板的厚度>0.75mm 时，宜在混凝土柱体的两侧埋设垫板。垫板可采用中部有浅沟槽的专用垫板，如图 7-7 所示。

因为不锈钢在施焊时在焊接热影响区的范围内聚集大量的热量，导致焊接变形，还可能使焊接结构产生破坏。因此，在不锈钢的焊接工艺方面，除应采用措施予以反变形之外，如何加快热量的散失，使焊缝区快速冷却，是一个关键问题。为此，目前多采用加设垫板的方法。

垫板一般采用宽 20～25mm 的与母材材料相同的钢带，沿焊缝顺长布置。当焊接温度较高时，可采用铜垫板。图 7-7 所示的是垫板和压板的使用情况。

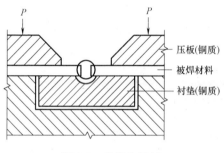

图 7-7　垫板和压板

（2）当没有条件预埋垫板时，应通过抹灰层将垫板固定在柱子上。

（3）在施工过程中，应结合周围的环境特点，将垫板位置尽量放在次要视线上，以使不锈钢包柱的接缝不很显眼。

**2. 柱面修整**

在未安装不锈钢钢板之前，应对柱面进行修整，确保柱体的垂直度、平整度、圆度。

**3. 不锈钢板的滚圆**

将不锈钢板加工成所需要的圆柱，常用的方法有手工滚圆、卷板机滚圆两种。

采用卷板机卷板时，可以按所需的圆弧及板的厚度调整三轴式卷板机，同样也用薄铁皮做圆弧样板，在边滚圆时，边检查圆弧是否符合圆柱体的要求，若偏差大，可以调整三轴式卷板机。

当板厚＞0.75mm 时，通常宜采用三轴式卷板机对钢板进行滚圆加工，而且一般不宜滚成一完整的圆柱体，而是将钢板滚制成两个标准的半圆，以后通过焊接拼接成一个完整的柱体。

**4. 不锈钢板的安装和定位**

不锈钢板在安装时，应注意接缝的位置应与柱子基体上预埋的冷却垫板的位置相对应。

安装时注意调整焊缝的间隙，间隙的大小应符合焊接规范要求（0～1.0mm），并应保持均匀一致。在焊缝两侧的不锈钢板不应有高低差。

可以用点固焊接的方式或其他方法先将板的位置固定下来。

**5. 不锈钢板的焊接**

参见上述 7.2 相关内容。

## 7.4.2 不锈钢圆柱镶面施工

用骨架做成的圆柱体，不锈钢圆柱面可采用镶面施工。

**1. 检查柱体**

安装前要对柱体的垂直度、不圆度、平整度进行检查，若误差大，必须进行返工。

**2. 修整柱体基层**

检查完柱体，要对柱体进行修整，不允许有凸凹不平，清除柱体表面的杂物、油渍等。

**3. 不锈钢板加工**

一个圆柱面一般都由二片或三片不锈钢曲面板组合成。曲面板加工方法有两种：一是手工加工；另外一种是在卷板机上加工。

加工时，也应用圆弧样板检查曲面板的弧度是否符合要求。

**4. 不锈钢板安装**

不锈钢板安装的关键在于片与片间的对口处的处理。安装对口的方式主要有直接卡口式和嵌槽压口式两种。

直接卡口式安装：在两片不锈钢板对口处，安装一个不锈钢卡口槽，该卡口槽用螺钉固定于柱体骨架的凹部。安装柱面不锈钢板时，只要将不锈钢板一端的弯曲部，钩入卡口槽内，再用力推按不锈钢板的另一端，利用不锈钢板本身的特性，使其卡入另一个卡口槽内，如图7-8所示。

嵌槽压口式安装方法：先把不锈钢板在对口处的凹部用螺钉（铁钉）固定，再把一条宽度小于凹槽的木条固定在凹槽中间，两边空出的间隙相等，其间隙宽为1mm左右；在木条上涂刷万能胶，等胶面不粘手时，向木条上嵌入不锈钢槽条；在不锈钢槽条嵌入粘结前，应用酒精或汽油清擦槽条内的油迹污物，并涂刷一层薄薄的胶液。安装方式，如图7-9所示。

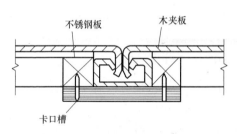

图7-8　直接卡口式安装

**5. 施工注意事项**

（1）安装卡口槽及不锈钢槽条时，尺寸要准确，不能产生歪斜现象。

（2）固定凹槽的木条尺寸、形状要准确。

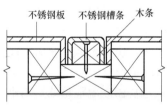

图7-9　嵌槽压口式安装

（3）在木条安装前，应先与不锈钢试配，木条的高度一般大于不锈钢槽内的深度0.5mm。

（4）如柱体为方柱时，则需根据圆柱断面的尺寸确定圆形木结构"柱胎"外圆直径和柱高，然后用木龙骨和胶合板在混凝土方柱上支设圆形柱（图7-10），然后进行不锈钢饰面施工。

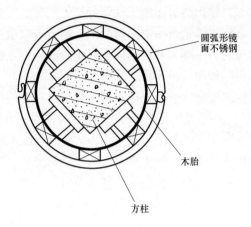

圆弧形镜面不锈钢

木胎

方柱

图 7-10　混凝土方柱外包不锈钢圆柱饰面示意图

### 7.4.3　不锈钢方柱饰面安装

（1）方柱体上安装不锈钢板，通常需要将不锈钢板粘贴在木夹板层上，然后再用型角压边。

（2）粘贴木夹板前，应对柱体骨架进行垂直度和平整度的检查，若有误差应及时修整。

（3）骨架检查合格后，在骨架上刷涂万能胶，然后把木夹板粘贴在骨架上并用螺钉固定，钉头低于板面。

（4）在木夹板的面层上涂刷万能胶并把不锈钢面板粘贴在夹板面层上。

（5）在柱子转角处，用不锈钢型角压边，如图 7-11 所示。

（6）在压边不锈钢型角处可用少量玻璃胶封口。

（7）不锈钢方柱角位结构处理

阳角结构：两个面在角位处直角相交，再用压角线进行封角。压角线用不锈钢角或不锈钢角型材用自攻螺钉或铆接法固定，如图 7-12 所示。

斜角结构：不锈钢方柱斜角用不锈钢处理，如图 7-13 所示。

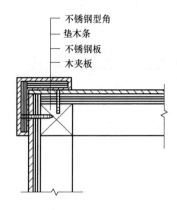

不锈钢型角
垫木条
不锈钢板
木夹板

图 7-11　不锈钢板方柱转角压边

图 7-12　不锈钢方柱阳角处理

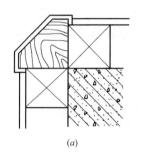

(a)

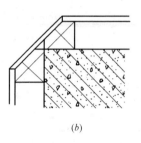

(b)

图 7-13　不锈钢方柱斜角处理

（a）斜角；（b）大斜角

# 8 楼梯金属栏杆安装

栏杆是楼梯的重要组成构件，用于楼梯的栏杆具有围挡、分隔、防护和装饰的功能。

## 8.1 楼梯栏杆要求及安装方式

### 8.1.1 一般规定

（1）室内楼梯扶手高度自踏步前缘线量起不宜小于 0.90m，靠梯井一侧水平扶手长度超过 0.50m 时，其高度不应小于 1.05m 。

（2）室内外楼梯的栏杆栏板，临空高度在 24m 以下时，其栏杆高度不应低于 1.05m，临空高度在 24m 及 24m 以上时，其栏杆高度不应低于 1.10m。临空处栏杆高度应从楼地面或屋面至栏杆栏板顶面垂直高度计算，如底部有宽度大于或等于 220mm，且高度低于或等于 450mm 的可踏部位，应从可踏部位顶面起计算，低于或等于 450mm 的可踏部位，应从可踏部位顶面起计算。

（3）中小学校的楼梯、室外楼梯等临空部位必须设防护栏杆，防护栏杆高度不应低于 1.10m，防护栏杆最薄弱处承受的最小水平推力应不小于 1.5kN/m。其他各类建筑临空处栏杆栏板高度应符合相关建筑规范标准要求。

（4）住宅、幼儿园、托儿所、文化娱乐建筑、商业服务建筑、体育建筑、园林景观建筑、儿童专业活动场所和允许儿童进入的活动场所，当梯井净宽大于 0.20m 时，必须采取时防止儿童攀滑的措施，楼梯栏杆应选用不易攀登的构造做法。中小学校楼梯梯井净宽大于 0.11 m 时，应采取有效的安全防护挂施。当采用垂直杆件做栏杆时，其栏杆净距不应大于 0.11m 。

（5）用于室外的栏杆、栏板应采取相应的防腐、防锈措施。玻璃栏板用于室外时应进行抗风压设计。

（6）玻璃栏板分为中装（玻璃装在立柱中间）、外装（玻璃装在立柱外侧）、内装（玻璃装在立柱内侧）。

## 8.1.2　栏杆、栏板立柱的安装方式

（1）方法 1：立柱安装在梯板上（或称正装式）。这种安装方式使用最多，如图 8-1 所示。

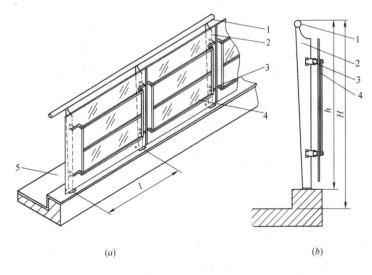

(a)　　　　　　　　　(b)

图 8-1　正装式护栏示意

（a）效果图；（b）侧视图

1—扶手；2—立柱；3—驳接爪件；4—栏板；5—可踏面；

$l$—立柱间距；$h$—护栏高度；$H$—护栏防护高度

（2）方法 2：立柱安装在梯板侧面（或称侧装式）。这种安装方式可以充分利用梯板的宽度，当楼梯侧立面临空时，还可以起到丰富和装饰室内空间的作用，如图 8-2 所示。

（3）方法 3：立柱安装在梯板的翻梁上（也是正装式）。这种安装方式立柱固定构造做法与安装在梯板上相同。

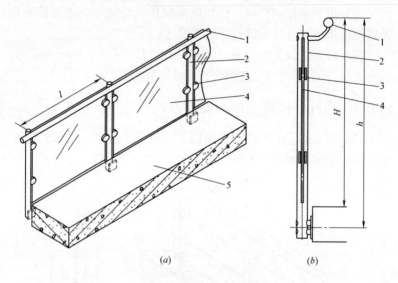

图 8-2　侧装式护栏示意

（a）效果图；（b）侧视图

1—扶手；2—立柱；3—玻璃夹具；4—栏板；5—可踏面；

l—立柱间距；h—护栏高度；H—护栏防护高度

## 8.2　金属栏杆安装

典型的楼梯栏杆，如图 8-3 所示。

### 8.2.1　定位、放线

按照设计要求，将固定件间距、位置、标高、坡度进行找位校正，弹出栏杆纵向中心线和分格的位置线。

### 8.2.2　安装固定件

按所弹固定件的位置线，打孔安装，每个固定件不得少于 2

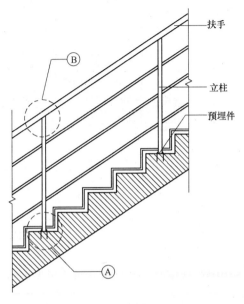

扶手

立柱

预埋件

Ⓑ

Ⓐ

图 8-3 楼梯栏杆

个 $\phi10$ 的膨胀螺栓固定，如图 8-4 所示。

预埋件应在土建施工中进行，通常采用钢板作为预埋件。钢板厚度应符合设计要求，钢板的下端带有锚筋，锚筋与钢板的焊接要符合焊接要求。锚筋宜采用两根以上，防止钢板移位。没有预埋件的工程，通常采用膨胀螺栓与钢板来制作后置连接件。

具体做法是：在立柱固定点的地面位置，用冲击钻钻孔，安装膨胀螺栓。螺栓要保证足够的长度，在螺母与螺栓套间加设钢板。立柱的下端通常带有底盘，底盘只起装饰作用，钢板的尺寸要保证底盘能将其扣住为宜。钢板与螺栓定位以后，将螺母拧紧，螺母应有防松脱措施。扶手与墙体间的固定也宜采用此方法，但都应保证钢板水平。

## 8.2.3 立柱安装

（1）立柱可采用螺栓或点焊固定于预埋件上，调整好立柱的

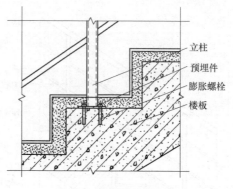

图 8-4 预埋件大样图Ⓐ

水平、垂直距离，以及立柱与立柱之间的间距后，即可拧紧螺栓或全焊固定，如图 8-4 所示。

（2）采用螺栓连接时，立杆底部金属板上的孔眼应加工成椭圆形孔，以备膨胀螺栓位置不符，安装时可作微小调整。施工时，在安装立杆基层部位，用电钻钻孔打入膨胀螺栓后，连接立杆并稍作固定，安装标高有误差时用金属薄垫片调整，经垂直、标高校正后固紧螺帽。

（3）立柱焊接要点：

1）焊接立柱与固定件时，应放出上、下两条立柱位置线。

2）每根主立柱应先点焊定位检查垂直没有问题后，再分断满焊，焊接焊缝符合设计要求及施工规范规定。

3）焊接时需两人配合，一人扶住钢管使其保持垂直，焊接时不能晃动。另一个人施焊，应采用跳跃式焊接法。焊接通常采用钨极氩弧焊。焊接前，应将沿焊缝每边 30～50mm 范围内的油污、毛刺等清除干净。

4）采用钨极氩弧焊时，宜采用直流氩弧焊机施焊，直流正接。氩弧焊机的引弧及稳弧性能必须良好，电弧中断不超过 4s 时宜能自动重复引燃，且有可靠的预先通气和延时断气的装置。

5）焊接后应清除焊药，并进行防锈处理。

154

（4）两端立柱安装完毕后，拉通线用同样方法安装其余立柱。立柱安装必须牢固，不得松动。

（5）立柱焊接以及螺栓连接部位，除不锈钢外，在安装完后，均应进行防腐防锈处理，并且不得外露。

## 8.2.4　安装石材盖板

地面为石材地面时，栏杆处安装有整块石材时，立杆焊接后，按照立杆的位置，将石材开洞套装在立杆上。开洞大小应保证栏杆的法兰盘能盖严。安装盖板时宜使用水泥砂浆。固定石材，可加强立杆栏杆的稳定性。

## 8.2.5　加工玻璃栏板或铁艺栏板

栏板应在立杆完成后安装。安装必须牢固，且垂直、水平及斜度应符合设计要求。

玻璃栏板应根据图纸或设计要求及现场的实际尺寸加工安全玻璃。玻璃各边及阳角应抛成斜边或圆角，以防伤手。铁艺的加工、规格、尺寸造型应符合设计要求，根据实际尺寸编号（现场尺寸可小于实际尺寸1~2mm）。安装焊接必须牢固。

安装时，将栏板镶嵌于两侧立杆的槽内，槽与栏板两侧缝隙应用硬质橡胶条块嵌填牢固，待扶手安装完毕后，用密封胶嵌填密实。扶手焊接安装时，栏板应用防火石棉布等遮盖防护，以免焊接火花飞溅损坏栏板。

## 8.2.6　焊接扶手

（1）立柱按图纸要求固定后，将扶手固定于立柱上。弯头处按栏板或栏杆顶面的斜度，配好起步弯头。

（2）金属扶手应是通长的，如要接长时，可以拼接，但应不显接槎痕迹，如图8-5所示。

（3）采用不锈钢管扶手时，一般采用焊接安装（特殊尺寸除外）。使用焊条的材质应与母材相同。扶手安装顺序应从起步弯

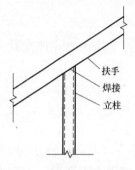

图 8-5　金属扶手大样图B

头开始，后接直扶手。扶手接口按要求角度套割正确，并用金属锉刀锉平，以免套割不准确，造成扶手弯曲和安装困难。

（4）安装时，先将起点弯头与栏杆立杆点焊固定，检查位置间距、垂直度、直线度是否符合质量要求，再进行两侧同时满焊。焊缝一次不宜过长，防止钢管受热变形。

弯头安装完毕后，直扶手两端与两端立杆临时点焊固定，同时将直扶手的一端与弯头对接并点焊固定，扶手接口处应留 2～3mm 焊接缝隙，然后拉通线将扶手与每根立杆作点焊固定，待检查符合要求后，按焊接要求，将接口和扶手与立杆逐一施焊牢固。

焊接时（特别是冬期施工），掌握好焊接电流、电压及焊接温度，以防电流过大或过小及电压不稳，影响焊接质量和美观。

焊接质量应符合有关规定的标准，焊缝宽度、深浅要一致，表面应呈鱼鳞状，扶手接头焊缝应严密，焊缝应无明显手感偏差。

（5）较长的金属扶手（特别是室外扶手）安装时，其接头应考虑安装适应温度变化而伸缩的可动式接口，可动式接头的伸缩如设计无要求时，一般考虑 20mm 室外扶手还应在可伸缩处考虑设置漏水孔。

（6）扶手根部与混凝土、砖墙面的连接，一般也应采用可伸缩的固定方法，以免因伸缩使扶手的弯曲变形。扶手与墙面连接根部应安装装饰罩盖。

## 8.2.7　抛光

不锈钢管焊接时，表面抛光时先用粗片进行打磨，如表面有砂眼不平处，可用氩弧焊补焊，大面磨平后，再用细片进行抛光。抛光时采用绒布砂轮或毛毡轮进行抛光，同时应采用相应的抛光膏，直到与相邻的母材基本一致，不显焊缝为止。抛光处的质量效果应与钢管外观一致。在施工结束时，应对埋板进行防腐处理。

方、圆钢管焊缝打磨时，必须保证平整、垂直。经过防锈处理后，焊接焊缝及表面不平、不光处可用原子灰补平、补光。焊后打磨清理，并按设计要求喷漆。

## 8.2.8 安装踢脚线

立柱、扶手安装完毕后，将踢脚线按图纸要求安装好，踢脚线一般采用不锈钢、石材和瓷砖。

组装式不锈钢栏杆、扶手的安装，在立柱与扶手间，扶手的接长及扶手转角部位，均采用连接件及插件进行连接。

# 参 考 文 献

[1]　第五版编委会. 建筑施工手册. 第 5 版. 北京：中国建筑工业出版社，2011.

[2]　第四版编写组. 建筑施工手册. 第 4 版. 北京：中国建筑工业出版社，2003.

[3]　中国建筑工程总公司. 建筑装饰装修工程施工工艺标准. 第 1 版. 北京：中国建筑工业出版 社，2003.

[4]　周海涛. 装饰工实用便查手册. 北京：中国电力出版社，2010.

[5]　杨嗣信主编. 高层建筑施工手册（第二版）. 北京：中国建筑工业出版社，2001.

[6]　王寿华主编. 建筑门窗手册. 北京：中国建筑工业出版社，2002

[7]　陈世霖主编. 当代建筑装修构造施工手册. 北京：中国建筑工业出版社，1999.

[8]　雍本等编写. 建筑工程设计施工详细图集"装饰工程（3）". 北京：中国建筑工业出版社，2001.